软件开发方法学精选系列

Implementation Patterns


[美] Kent Beck 著

李剑 熊节 郭晓刚 译


# 实现模式

## （修订版）

人民邮电出版社

北京

**图书在版编目（C I P）数据**

实现模式 / (美) 贝克 (Beck, K.) 著 ; 李剑, 熊节, 郭晓刚译. -- 修订本. -- 北京 : 人民邮电出版社, 2012.12 (2023.4重印)
(软件开发方法学精选系列)
书名原文: Implementation Patterns
ISBN 978-7-115-29460-9

Ⅰ. ①实… Ⅱ. ①贝… ②李… ③熊… ④郭… Ⅲ. ①程序设计 Ⅳ. ①TP311.1

中国版本图书馆CIP数据核字(2012)第220865号

◆ 著　　　[美] Kent Beck
　译　　　李 剑　熊 节　郭晓刚
　责任编辑　杨海玲
◆ 人民邮电出版社出版发行　北京市丰台区成寿寺路 11 号
　邮编 100164　电子邮件 315@ptpress.com.cn
　网址 https://www.ptpress.com.cn
　北京隆昌伟业印刷有限公司印刷
◆ 开本：700×1000 1/16
　印张：12　　　2012 年 12 月第 2 版
　字数：183 千字　　　2023 年 4 月北京第 2 次印刷
著作权合同登记号　图字：01-2008-3844 号

定价：35.00 元

**读者服务热线：(010) 81055410　印装质量热线：(010) 81055316**
**反盗版热线：(010) 81055315**
**广告经营许可证：京东市监广登字 20170147 号**

# 内容提要


在本书中，作者将自己多年形成的编程习惯以及阅读既有代码的体验凝练成了编程中的价值观、原则和 77 种实现模式。

沟通、简单和灵活的价值观应当被所有开发人员所铭记。局部影响、最小化重复、将逻辑与数据捆绑等原则同样是通用性的指导思想，比价值观更贴近编程场景，在价值观和模式之间搭建了桥梁。在 77 种实现模式中，每一种模式都覆盖了编写简洁、清晰、易扩展、易维护的代码这一原则的某个方面。它们为日常的编程提供了丰富翔实的参考依据，并告诉大家这些代码如何为降低沟通成本和提高有效产出提供保障。

本书适用于各个阶段的开发者群体。刚刚涉足软件开发领域的新人能够透过大师的眼睛来看待编程，了解编程的价值观与原则；具有丰富经验的资深工程师则可以通过这些模式进行反思，探究成功实践背后的意义。把价值观、原则和开发实践结合之后，日常开发工作便会以崭新而迷人的形式呈现在我们面前。

INTRODUCTION
- patterns
- values & principles
- motivation

CLASS

similar logic

different data

BEHAVIOR

STATE

dividing logic

multi-valued data

METHODS

COLLECTIONS

FRAMEWORKS

实现模式概览

# 译 者 序

这是一本关于如何写好代码的书。

如果你不认为写好代码是一件重要、困难并且有趣的事，请立即放下这本书。

什么是好的代码？可以工作的、性能良好的、不出 bug 的代码，就是好的代码吗？

所谓好的代码，除了其他所有要求以外，还应该清晰准确地传达写作者的想法。

Martin Fowler 在《重构：改善既有代码的设计》里说，“任何一个傻瓜都能写出机器能懂的代码。好的程序员应该写出人能懂的代码。”

如果你不同意这句话，请立即放下这本书。因为这是一本关于如何用代码与他人（而非机器）沟通的书。

任何读到这一行的程序员都应该读完这本书。

Steve McConnell 在《代码大全》里说，“不要过早优化，但也不要过早劣化”。这本书将告诉你如何在几乎不引入任何额外成本的前提下避免一些常见的低级错误——它们是常见的，因为几乎每个人都犯过并且还在犯着这些错误。

如果你确实没有时间，至少应该读完第 6 章“状态”。因为在各种常见的低级错误中最常见的就是关于“什么信息在什么地方”的决策错误。

在这样一本书的序言里说任何废话都将是佛头着粪。

所以，现在就祝你阅读愉快、编程愉快。

是为序。

# 前　言

这是一本关于编程的书，更具体一点，是关于“如何编写别人能懂的代码”的书。编写出别人能读懂的代码没有任何神奇之处，这就与任何其他形式的写作一样：了解你的阅读者，在脑子里构想一个清晰的整体结构，让每个细节为故事的整体作出贡献。Java 提供了一些很好的交流机制，本书介绍的实现模式正是一些 Java 编程习惯，它们能让你编写出的代码更加易读。

也可以把实现模式看作思考“关于这段代码，我想要告诉阅读者什么？”的一种方式。程序员大部分的时间都在自己的世界里绞尽脑汁，以至于用别人的视角来看待世界对他们来说是一次重大的转变。他们不仅要考虑“计算机会用这段代码做什么”，还要考虑“如何用这段代码与别人沟通我的想法”。这种视角上的转换有利于你的健康，也很可能有利于你的钱包，因为在软件开发中有大量的开销都被用在理解现有代码上了。

有一个叫做 Jeopardy 的美国游戏节目，由主持人给出问题的答案，参赛观众则来猜问题是什么。“猜一个词，表示扔出窗外。”“是 defenestration 吗？”“答对了。”

编程就好像 Jeopardy 游戏：答案用 Java 的基本语言构造给出，程序员则经常需要找出问题究竟是什么，即这些语言构造究竟是在解决什么问题。比如说，如果答案是“把一个字段声明为 Set”，那么问题可能就是“我要怎样告诉其他程序员，这是一个不允许包含重复元素的集合？”本书介绍的实现模式列举了一组常见的编程问题，还有 Java 解决这些问题的方式。

和软件开发一样，范围的管理对于写书同样重要。我现在就告诉你本书不是什么。它不是编程风格指南，因为其中包含了太多的解释，最终的决定权则完全交给你。它不是设计书籍，因为其中关注的主要是小范围的、程序员每天要做很多次的决策。它不是模式书籍，因为这些实现模式的格式各不相同、随需而变。它不是语言书籍，因为尽管其中谈到了一些 Java 语言的特性，但我在写作时假设你已经熟悉 Java 了。

实际上本书建立在一个相当不可靠的前提之上：好的代码是有意义的。我见过太多丑陋的代码给它们的主人赚着大把钞票，所以在我看来，软件要取得商业成功或者被广泛使用，“好的代码质量”既不必要也不充分。即便如此，我仍然相信，尽管代码质量不能保证美好的未来，但它仍然有其意义：有了质量良好的代码以后，业务需求能够被充满信心地开发和交付，软件用户能够及时调整方向以便应对机遇和竞争，开发团队能够在挑战和挫折面前保持高昂的斗志。总而言之，比起质量低劣、错误重重的代码，好的代码更有可能帮助用户取得业务上的成功。

即便不考虑长期的经济效应，我仍然会选择尽我所能地编写出好代码。就算活到古稀之年，你的一生也只有二十多亿秒而已，这宝贵的时间不该被浪费在自己不能引以为傲的工作上。编写好的代码带给我满足感，不仅因为编程本身，还因为知道别人能够理解、欣赏、使用和扩展我的工作。

所以，说到底，这是一本关于责任的书。作为一个程序员，你拥有时间、拥有才华、拥有金钱、拥有机会。对于这些天赐的礼物，你要如何负责地使用？下面的篇幅里包含了我对于这个问题的答案：不仅为我自己、为我的 CPU 老弟编程，也为其他人编程。

## 致谢

我首先、最后并且始终要感谢 Cynthia Andres，我的搭档、编辑、支持者和首席讨债鬼。我的朋友 Paul Petralia 推动了这本书的写作，而且不断给我鼓励的电话。编辑 Chris Guzikowski 和我通过本书学会了如何在一起工作，他从 Pearson 的角度给了我一切需要的支持，让我能够完成写作。还要感谢 Pearson 的制作团队：Julie Nahil、John Fuller 和 Cynthia Kogut。Jennifer Kohnke

的插图不但包含了丰富的信息，而且非常人性化。本书的审阅者给我的书稿提供了清晰而又及时的反馈，为此我要感谢 Erich Gamma、Steve Metsker、Diomidis Spinellis、Tom deMarco、Michael Feathers、Doug Lea、Brad Abrams、Cliff Click、Pekka Abrahamson、Gregor Hohpe 和 Michele Marchesi。感谢 David Saff 指出“状态”与“行为”之间的平衡。最后，还要感谢我的孩子们，一想到他们乖乖呆在家里，我就有了尽快完成本书的动力。Lincoln、Lindsey、Forrest 和 Joëlle Andres，感谢你们。

# 目　录

# 第 1 章

# 引言

现在开始吧。你选中了我的书（现在它就是你的了），你也编写过代码，很可能你已经从自己的经验中建立了一套属于自己的风格。

这本书的目标是要帮助你通过代码表达自己的意图。首先，我们对编程和模式做一个概述（第 2 章～第 4 章）。接下来（第 5 章～第 8 章）用一系列短文和模式，讲述了“如何用 Java 编写出可读的代码”。如果你正在编写框架（而不是应用程序），最后一章会告诉你如何调整前面给出的建议。总而言之，本书关注的焦点是用编程技巧来增进沟通。

用代码来沟通有几个步骤。首先，必须在编程时保持清醒。第一次开始记录实现模式时，我编程已经有一些年头了。我惊讶地发现，尽管能够快捷流畅地作出各种编程中的决定，但我没法解释自己为什么如此确定诸如“这个方法为什么应该被这样调用”或者“那块代码为什么属于那个对象”之类的事情。迈向沟通的第一步就是让自己慢下来，弄明白自己究竟想了些什么，不再假装自己是在凭本能编程。

第二步是要承认他人的重要性。我很早就发现编程是一件令人满足的事，但我是个以自我为中心的人，所以必须学会相信其他人也跟我一样重要，然后才能写出能与他人沟通的代码。编程很少会是一个人与一台机器之间孤独的交流，我们应该学会关心其他人，而这需要练习。

所以我迈出了第三步。一旦把自己的想法暴露在光天化日下，并且承认别人也有权和我一样地存在，我就必须实实在在地展示自己的新观点了。我使用本书中介绍的实现模式，目的是更有意识地编程，为他人编程，而不仅仅是为自己编程。

你当然可以仅为其中的技术内容——有用的技巧和解释——而阅读本书，但我认为应该预先提醒你，除了这些技术内容，本书还包含了很多东西，至少对我而言是这样。

这些技术内容都可以在介绍模式的章节里找到。学习这部分内容有一个高效的策略：需要用的时候再去读。如果用这种“just-in-time”的方式来读，那么可以直接跳到第5章，把后续的章节快速扫一遍，然后在编程时把本书放在手边。用过书中的很多模式之后，你可以重新回到前面介绍性的内容中来，读一下那些技巧背后的道理。如果有兴趣透彻理解手上的这本书，也可以细细地从头读到尾。和我写过的大部分书不同，这本书的每一章都相当长，因此在阅读时要保持专注才行。

书中的大部分内容都以模式的形式加以组织。编程中需要做的抉择大多曾经出现过。一个程序员的职业生涯中可能要给上百万个变量命名，不可能每次都用全新的方式来命名。命名的普遍约束总是一致的：需要把变量的用途、类型和生命周期告诉给阅读者，需要挑选一个容易读懂的名字，需要挑选一个容易写、符合标准格式的名字。把这些普遍约束加诸一个具体的变量之上，然后就得到了一个合用的名字。“给变量命名”就是一个模式：尽管每次都可能创造出不同的名字，但决策的方法和约束条件总是重复出现的。

我觉得，模式需要以多种形式来呈现，有时一篇充满争议的文章能最好地阐释一个模式，有时候是一幅图，有时候是一个故事，有时候是一段示例。所以我并没有尝试把所有模式都塞进同一种死板的格式里，而是以我认为最恰当的方式来描述它们。

书中总共包含了77个明确命名的模式，它们分别涵盖了“编写可读的代码”这件事的某一方面。此外我还在书中提到了很多更小的模式或是模式的变体。我写这本书的目的是给程序员们一点建议，告诉他们如何在每天最平凡的编程任务中帮助将来的阅读者理解代码的意图。

本书的深度应该介于 *Design Patterns*（中译版《设计模式：可复用面向对象软件的基础》）和 Java 语言手册之间。*Design Patterns* 讨论的是开发过程中每天要做几次的那种决策，通常是关于如何协调对象之间交互的决策，实现模式的粒度更小。编程时每过几秒钟就可能用上一个模式。语言手册很好地介绍了“能用 Java 做什么”，但对于“为什么使用某种结构”或者“别人读到这段代码时会怎么想”这样的问题谈论甚少，而这正是实现模式的重点所在。

在写这本书时，我的一个原则就是只写我熟悉的主题。比如说并发（concurrency）问题就没有涵盖在这些实现模式中，并非因为并发不重要，只是因为我对这个主题没有太多可说的。我对待并发问题的策略一向很简单：尽可能地把涉及并发的部分从我的程序中隔离出去。虽然我一直用这个办法还干得不错，但这确实没有多少可解释的。更多关于并发处理的实践指导，我推荐诸如 *Java Concurrency in Practice*（中译版《Java 并发编程实践》）之类的书籍。

本书完全没有涉及的另一个主题是软件过程。我给出的建议只是告诉阅读者如何用代码来交流，不管这代码是在一个漫长流程的最后阶段编写出来的，还是在编写出一个无法通过的测试之后立即编写出来的，我希望这些建议都同样适用。总而言之，不管冠以怎样的名目，只要能降低软件开发的成本就是好事。

此外本书也尽量避免使用 Java 的最新特性。我在选择技术时总是倾向于保守，因为无所不用其极地尝试新技术已经伤害过我太多次了（作为学习新技术的策略，这很好；但对于大部分开发工作而言，风险太大）。所以，你会在本书中看到一个非常朴实的 Java 子集。如果希望使用 Java 的最新特性，可以从别的地方去学习它们。

## 1.1 章节概览

本书总共分成了7大块，如图1.1所示，分别是：

- 总体介绍（Introduction）——这几个简短的章节描述了“用代码沟通”的重要性与价值所在，以及实现模式背后的思想；
- 类（Class）——这部分的模式讲述了为什么要创建类，如何创建类，如何用类来书写逻辑等问题；
- 状态（State）——关于状态存取的模式；
- 行为（Behavior）——这部分的模式告诉阅读者如何用代码来表现逻辑，特别是如何用多种不同的方式来做这件事；
- 方法（Methods）——关于如何编写方法的模式，它们将告诉你，根据你对方法的分解和命名，阅读者会作出怎样的判断；
- 容器（Collections）——关于选择和使用容器的模式；
- 改进框架（Frameworks）——上述模式的变体，适用于框架开发（而非应用程序开发）。

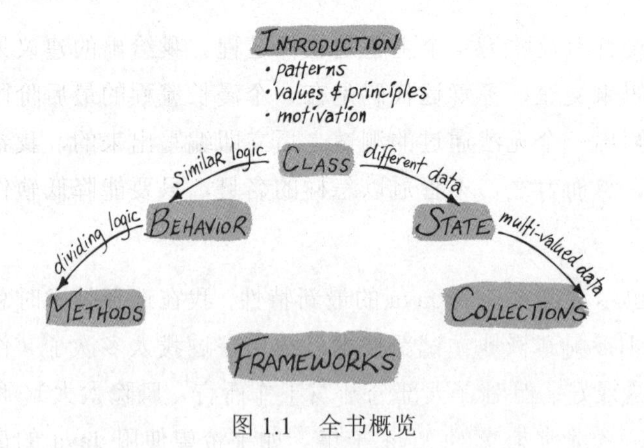


图1.1 全书概览

## 1.2 那么，现在……

该言归正传了。如果你打算按部就班地读下去，请翻到下一页（我猜这用不着特别提醒）。如果想快速浏览所有的模式，请从第 5 章开始。

# 第2章

# 模式

编程中的很多决策是无法复制的。开发网站的方式与开发心脏起搏器控制软件的方式肯定迥然不同。但决策的内容越接近纯技术化，其中的相似性就越多，我不是刚编写过一样的代码吗？程序员为不断重复的琐事耗费的时间越少，他们就有越多的时间来解决好真正独一无二的问题，从而更高效地编程。

绝大多数程序都遵循一组简单的法则。

- 更多的时候，程序是在被阅读，而不是被编写。
- 没有“完工”一说。修改程序的投入会远大于最初编写程序的投入。
- 程序都由一组基本的语句和控制流概念组合而成。
- 程序的阅读者需要理解程序——既从细节上，也从概念上。有时他们从细节开始，逐渐理解概念；有时他们从概念开始，逐渐理解细节。

模式就是基于这样的共性之上的。比如说，每个程序员都必须决定如何进行迭代遍历。在思考如何写出循环的时候，大部分领域问题都被暂时抛在脑后了，留下的就是纯技术问题：这个循环应该容易读懂，容易编写，容易验证，容易修改，而且高效。

让你操心的这一系列事情，就是模式的源起。上面列出的这些约束，或者叫压力（force），会影响程序中每个循环编写的方式。可以预见到，这样的压力会不断重现，这也正是模式之所以成为模式的原因：它其实是关于压力的模式。

有好几种合理的方式可以写出一个循环，它们分别暗含着对这些约束不同的优先级排序：如果性能更重要，你可能用这种方式来写循环；如果容易修改更重要，你就可能用另一种方式来写循环。

每个模式都代表着一种对压力进行相对优先级排序的观点。大部分模式都由一篇短文来描述，其中列举出解决某一问题的各种方案，以及推荐方案的优点所在。这些模式不仅给出一个建议，而且还讲出背后的原因，这样阅读者就可以自己判断应该如何解决这类重复出现的问题。

正如前面暗示的，每个模式也都带着一个解决方案的种子。关于“循环遍历一个容器”的模式可能会建议说“使用 Java 5 的 for 循环来描述遍历操作”。模式在抽象的原则和具体的实践之间架起了一座桥梁。模式可以帮助你编写代码。

模式彼此协作。建议你用 for 循环的模式，又引出了“如何给循环变量命名”的问题。我们不尝试把所有事情都塞进一个模式里，还有另一个模式专门讲“如何给变量命名”的话题。

模式在本书中有多种不同的展现形式：有时它们有清晰的名称，还有专门的章节来讨论压力和解决方案。但也有时，一些比较小的模式就直接放在更大的模式内部来介绍，一两句话或许就能够把一个小模式讨论清楚了。

使用模式有时会让你感到束手束脚，但确实可以帮你节省时间和精力。打个比方，就好像铺床这件小事，如果每次都必须思考每个步骤怎么做、找出正确的顺序，那就会比习惯成自然的做法耗费更多的精力。正是因为有一组铺床的模式，这件事情才得以大大简化。如果床恰好顶在墙边，或者床单太小，你会根据情况调整策略，但整体来说还是遵循固定模式来铺床，这样你的脑子就可以用来思考更有意思、更有必要的东西。编程也是一样，当模式成为习惯之后，我很开心地发现自己不必再为“如何写一个循环”而展开讨论了。如果整个团队都对一个模式不满，那么他们可以讨论引入新的模式。

没有任何一组模式能够适用于所有情况。本书中列出的模式是我在应用程序开发中亲自用过的，或者看到别人用过并且效果不错的（后文也浅谈了一下框架开发中的模式)。盲目效仿别人的风格，永远都不如思考和实践自己的风格并在团队中讨论交流来得有效。

模式最大的作用就是帮助人们做决定。有些实现模式最终会融入编程语言，就好像 setjmp( )/longjmp( )结构变成了如今的异常处理。不过大部分时候，模式需要加以调整才能投入使用。

从这一章开始，我们试图寻找一种更节约、更快速、更省力的方式来解决常见的编程问题。使用模式可以帮助程序员用更合理的方式来解决常见问题，从而把更多的时间、精力和创造力留下来解决真正独一无二的问题。每个模式都涉及一个常见的编程问题，随后我们会讨论其中起影响作用的各种因素，并提出具体的建议：如何快速实现一个令人满意的解决方案。其结果是，这些模式将帮助读者更好、更快、更省力地完成编程工作中乏味的部分，从而留下更多的时间和精力来解决程序中独一无二的问题。

本书中的实现模式共同构筑了一种编程风格，下一章“一种编程理论”将会介绍这种编程风格背后的价值观和原则。

# 第3章

# 一种编程理论

就算是再巨细靡遗的模式列表，也不可能涵盖编程中所遇到的每一种情况。你免不了（甚至常常）会遭遇到这种情景：上穷碧落，也找不到对应的现成解决方案。于是便需要有针对特定问题的通用解决方案。这也正是学习编程理论的原因之一。原因之二则是那种知晓如何去做、为何去做之后所带来的胸有成竹。当然，如果把编程的理论和实践结合起来讨论，内容就会更加精彩了。

每个模式都承载着一点点理论。但实际编程中存在一些更加深广的影响力，远不是孤立的模式所能概括的。本章将会讲述这些贯穿于编程中的横切概念，它们分为两类：价值观与原则。价值观是编程过程的统一支配性主题。珍视与其他人沟通的重要性，把代码中多余的复杂性去掉，并保持开放的心态，这才是我工作状态最佳的表现。这些价值观——沟通、简单和灵活——影响了我在编程时所做的每个决策。

此处描述的原则不像上面的价值观那样意义深远，不过每一项原则都在许多模式中得以体现。价值观有普遍的意义，但往往难以直接应用；模式虽可以直接应用，却是针对于特定情景；原则在价值观和模式之间搭建了桥梁。我早已发现，在那种没有模式可以应用，或是两个相互排斥的模式可以同等应用的场合，如果把编程原则弄清楚，对解决疑难会是一件好事。在面对不确定性的时候，对原则的理解让我可以“无中生有”创造出一些东西，同时能和其他的实践保持一致，而且结果一般都不错。

价值观、原则和模式，这 3 种元素互为补充，组成了一种稳定的开发方式。模式描述了要做什么，价值观提供了动机，原则把动机转化成了实际行动。

这里的价值观、原则和模式，是通过我的亲身实践、反思以及与其他人的讨论总结出来的。我们都曾经从前人那里吸收经验，最终会形成一种开发方式，但不是唯一的开发方式。不同的价值观和不同的原则会产生不同的方式。把编程方式用价值观、原则和模式的形式展现出来，其优点之一就是可以更加有效地展现编程方法的差异。如果你喜欢用某种方式来做事，而我喜欢另一种，那么就可以识别出我们在哪种层次上存在分歧，从而避免浪费时间。如果我们各自认可不同的原则，那么争论哪里该用大括号根本无助于解决问题。

## 3.1　价值观

有 3 个价值观与卓越的编程血脉相连，它们分别是：沟通、简单和灵活。虽然它们有时候会有所冲突，但更多的时候则是相得益彰。最优秀的程序会为未来的扩展留下充分的选择余地，不包含不相关的元素，容易阅读，容易理解。

### 3.1.1　沟通

如果阅读者可以理解某段代码，并且进一步修改或使用它，那么这段代码的沟通效果就很好。在编程时，我们很容易从计算机的角度进行思考。但只有一面编程一面考虑其他人的感受，我才能编写出好的代码。在这种前提下编写出的代码更加干净易读，更有效率，更清晰地展现出我的想法，给了我全新的视角，减轻了我的压力。我的一些社会性需要得到了自我满足。最开始编程吸引我的部分原因在于我可以通过编程与外界交流，然而，我不想与那些难缠又无法理喻的烦人家伙打交道。过了 20 年，把别人当作空气一样的编程方式才在我眼中褪尽了颜色。耗尽心神去精心搭建一座糖果城堡，于我而言已毫无意义。

Knuth 所提出的文学编程理论促使我把注意力放到沟通上来：程序应该读起来像一本书一样。它需要有情节和韵律，句子间应该有优雅的小小跌宕起伏。

我和 Ward Cunningham 第一次接触到文学性程序这个概念以后，我们决定来试一试。我们找出 Smalltalk 中最干净的代码之一——ScrollController，坐到一起，然后试着把它写成一个故事。几个小时以后，我们以自己的方式完全重写了这段代码，把它变成了一篇合情合理的文章。每次遇到难以解释清楚的逻辑，重新把它写一遍都要比解释这段代码为何难以理解容易得多。沟通的需要改变了我们对于编码的看法。

在编程时注重沟通还有一个很明显的经济学基础。软件的绝大部分成本都是在第一次部署以后才产生的。从我自己修改代码的经验出发，我花在阅读既有代码上的时间要比编写全新的代码长得多。如果我想减少代码所带来的开销，我就应该让它容易读懂。

注重沟通还可以帮助我们改进思想，让它更加现实。一方面是由于投入更多的思考，考虑“如果别人看到这段代码会怎么想”所需要调动的脑细胞，和只关注自己是不一样的。这时我会退后一步，从全新的视角来审视面对的问题和解决方案。另一方面则是由于压力的减轻，因为我知道自己所做的事情是在务正业，我做的是对的。最后，作为社会性的产物，明确地考虑社会因素要比在假设它们不存在的情况下工作更为现实。

### 3.1.2 简单

在 *Visual Display of Quantitative Information* 一书中，Edward Tufte 做过一个实验，他拿过一张图，把上面没有增加任何信息的标记全都擦掉，最终得到了一张很新颖的图，比原先那张更容易理解。

去掉多余的复杂性可以让那些阅读、使用和修改代码的人更容易理解。

有些复杂性是内在的，它们准确地反映出所要解决的问题的复杂性。但有些复杂性的产生完全是因为我们忙着让程序运行起来，在摆弄过程中留下来的“指甲印”没擦干净。这种多余的复杂性降低了软件的价值，因为一方面软件正确运行的可能性降低了，另一方面将来也很难进行正确的改动。回顾自己做过的事情，把麦子和糠分开，是编程中不可或缺的一部分。

简单存在于旁观者的眼中。一个可以将专业工具使用得得心应手的高级程序员，他所认为的简单事情对一个初学者来说可能会比登天还难。只有把读者放在心里，你才可以写出动人的散文。同样，只有把读者放在心里，你才可以编写出优美的程序。给阅读者一点挑战没有关系，但过多的复杂性会让你失去他们。

在复杂与简单的波动中，计算机技术不断向前推进。直到微型计算机出现之前，大型机架构的发展倾向仍然是越来越复杂。微型计算机并没有解决大型机的所有问题，只不过在很多应用中，那些问题已经变得不再重要。编程语言也在复杂和简单的起伏中前行。C++在 C 的基础上产生，而后在 C++的基础上又出现了 Java，现在 Java 本身也变得越来越复杂了。

追求简单推动了进化。JUnit 比它所大规模取代的上一代测试工具简单得多。JUnit 催生了各种模仿者、扩展软件和新的编程/测试技术。它最近一个版本 JUnit 4 已经失去了那种“一目了然”的效果，虽然每一个导致其复杂化的决定都有我参与其中，但亦未能阻止这种趋势。总有一天，会有人发明一种比 JUnit 简单许多的方式，以方便编程人员编写测试。这种新的想法又会推动另一轮进化。

在各个层次上都应当要求简单。对代码进行调整，删除所有不提供信息的代码。设计中不出现无关元素。对需求提出质疑，找出最本质的概念。去掉多余的复杂性后，就好像有一束光照亮了余下的代码，你就有机会用全新的视角来处理它们。

沟通和简单通常都是不可分割的。多余的复杂性越少，系统就越容易理解；在沟通方面投入越多，就越容易发现应该被抛弃的复杂性。不过有时候我也会发现某种简化会使程序难以理解，这种情况下我会优先考虑沟通。这样的情形很少，但常常都表示这里应该有一些我尚未察觉的更大规模的简化。

### 3.1.3 灵活

在三种价值观中，灵活是衡量那些低效编码与设计实践的一把标尺。以获取一个常量为例，我曾经见到有人会用环境变量保存一个目录名，而那个目录下放着一个文件，文件中写着那个常量的值。为什么弄这么复杂？为了灵活。程序是应该灵活，但只有在发生变化的时候才需如此。如果这个常量永远不会变化，那么付出的代价就都白费了。

因为程序的绝大部分开销都是在它第一次部署以后才产生，所以程序必须要容易改动。想象中明天或许会用得上的灵活性，可能与真正修改代码时所需要的灵活性不是一回事。这就是简单性和大规模测试所带来的灵活性比专门设计出来的灵活性更为有效的原因。

要选择那些提倡灵活性并能够带来及时收益的模式。对于会立刻增加成本但收效却缓慢的模式，最好让自己多一点耐心，先把它们放回口袋里，需要的时候再拿出来。这样就可以用最恰当的方式使用它们。

灵活性的提高可能以复杂性的提高为代价。比如说，给用户提供一个可自定义配置的选择提高了灵活性，但是因为多了一个配置文件，编程时也需要考虑这一点，所以也就更复杂了。反过来简单也可以促进灵活。在前面的例子中，如果可以找到取消配置选项但又不丧失价值的方式，那么这个程序以后就更容易改动。

增进软件的沟通效果同样会提高灵活性。能够快速阅读、理解和修改你的代码的人越多，它将来发生变化的选择就越多。

本书中介绍的模式会通过帮助编程人员创建简单、可以理解、可以修改的应用程序来提高程序的灵活性。

## 3.2　原则

实现模式并不是无缘无故产生的。每一种模式都或多或少体现了沟通、简单和灵活这些价值观。原则是另一个层次上的通用思想，比价值观更贴近于编程实际，同时又是模式的基础。

我们有很多理由来检查一下这些原则。正如元素周期表帮助人们发现了新的元素，清晰的原则也可以引出新的模式。原则可以解释模式背后的动机，它是有普遍意义的。在对立模式间进行选择时，最好的方式就是用原则来说话，而不是让模式争来争去。最后，如果遇到从未碰到过的情况，对原则的理解可以充当我们的向导。

例如，假如要使用新的编程语言，我可以根据自己对原则的理解发展出有效的编程方式，不必盲目模仿现有的编程方式，更不用拘泥于在其他语言中形成的习惯（虽然可以用任何语言编写 FORTRAN 风格的代码，但不该那么做）。对原则的充分理解使我能够快速地学习，即使在新鲜局面下仍然能够一以贯之地符合原则。接下来的部分，我将为你讲述隐藏在模式背后的原则。

### 3.2.1　局部化影响

组织代码结构时，要保证变化只会产生局部化影响。如果这里的一个变化会引出那里的一个问题，那么变化的代价就会急剧上升了。把影响范围缩到最小，代码就会有极佳的沟通效果。它可以被逐步深入理解，不必一开始就要鸟瞰全景。因为实现模式背后一条最主要的动机就是减少变化所引起的代价，所以局部化影响这条原则也是很多模式的形成缘由之一。

### 3.2.2　最小化重复

最小化重复这条原则有助于保证局部化影响。如果相同的代码出现在很多地方，那么改动其中一处副本时，就不得不考虑是否需要修改其他副本；

变动不再只发生在局部。代码的复制越多，变化的代价就越大。

复制代码只是重复的一种形式。并行的类层次结构也是其一，同样破坏了局部化影响原则。如果修改一处概念需要修改两个或更多的类层次结构，就表示变化的影响已经扩散了。此时应重新组织代码，让变化只对局部产生影响。这种做法可以有效改进代码质量。

重复不容易被预见到，有时在出现以后一段时间才会被觉察。重复不是罪过，它只是增加了变化的开销。

我们可以把程序拆分成许多更小的部分——小段语句、小段方法、小型对象和小型包，从而消除重复。大段逻辑很容易与其他大段逻辑出现重复的代码片断，于是就有了模式诞生的可能，虽然不同的代码段落中存在差异，但也有很多相似之处。如果能够清晰地表述出哪些部分程序是等同的，哪些部分相似性很少，而哪些部分则截然不同，程序就会更容易阅读，修改的代价也会更小。

### 3.2.3 将逻辑与数据捆绑

局部化影响的必然结果就是将逻辑与数据捆绑。把逻辑与逻辑所处理的数据放在一起，如果有可能尽量放到一个方法中，或者退一步，放到一个对象里面，最起码也要放到一个包下面。在发生变化时，逻辑和数据很可能会同时被改动。如果它们被放在一起，那么修改它们所造成的影响就会只停留在局部。

在编码开始的那一刻，我们往往不太清楚该把逻辑和数据放到哪里。我可能在A中编写代码的时候才意识到需要B中的数据。在代码正常工作之后，我才意识到它与数据离得太远。这时候我需要做出选择：是该把代码挪到数据那边去，还是把代码挪到逻辑这边来，或者把代码和数据都放到一个辅助对象中？也许还可能意识到，这时我还没法找出如何组合它们以便增进沟通的最好方式。

### 3.2.4　对称性

对称性也是我随时随地运用的一项原则。程序中处处充满了对称性。比如 add()方法总会伴随着 remove()方法，一组方法会接受同样的参数，一个对象中所有的字段都具有相同的生命周期。识别出对称性，把它清晰地表述出来，代码将更容易阅读。一旦阅读者理解了对称性所涵盖的某一半，他们就会很快地理解另外一半。

对称性往往用空间词汇进行表述：左右对称的、旋转的，等等。程序中的对称性指的是概念上的对称，而不是图形上的对称。代码中对称性的表现，是无论在什么地方，同样的概念都以同样的形式呈现。

这是一个缺少对称性的例子：

```
void process() {
  input();
  count++;
  output();
}
```

第二条语句比其他的语句更加具体。我会根据对称性的原则重写它，结果是：

```
void process() {
  input();
  incrementCount();
  output();
}
```

这个方法依然违反了对称性。这里的 input()和 output()操作都是通过方法意图来命名的，但是 incrementCount()这个方法却以实现方式来命名。在追求对称性的时候，我会考虑为什么我会增加这个数值，于是就有了下面的结果：

```
void process() {
```

```
    input();
    tally();
    output();
  }
```

在准备消灭重复之前，常常需要寻找并表示出代码中的对称性。如果在很多代码中都存在类似的想法，那么可以先把它们用对称的方式表示出来，让接下来的重构有一个良好开端。

### 3.2.5 声明式表达

实现模式背后的另一条原则是尽可能声明式地表达出意图。命令式的编程语言功能强大灵活，但是在阅读时需要跟随着代码的执行流程。我必须在大脑中建起一个程序状态、控制流和数据流的模型。对于那些只是陈述简单事实，不需要一系列条件语句的程序片断，如果用简单的声明方式写出来，读着就容易多了。

比如在 JUnit 的早期版本中，测试类里可能会有一个静态的 suite()方法，该方法会返回需要运行的测试集合。

```
public static junit.framework.Test suite() {
  Test result= new TestSuite();
  ...complicated stuff...
  return result;
}
```

现在就有了一个很简单很常见的问题：哪些测试会被执行？在大多数情况下，suite()方法只是将多个类中的测试汇总起来。但是因为它是一个通用方法，所以我必须要读过、理解该方法以后，才能够百分之百确定它的功能。

JUnit 4 用了声明式表达原则来解决这个问题。它不是用一个方法来返回测试集，而是用了一个特殊的 test runner 来执行多个类中的所有测试（这是最常见的情况）：

```
@RunWith(Suite.class)
@TestClasses({
  SimpleTest.class,
  ComplicatedTest.class
})
class AllTests {
}
```

如果测试是用这种方式汇总的，那么我只需要读一下 TestClasses 注解就可以知道哪些测试会被执行。面对这种声明式的表达方式，我不需要臆测会出现什么奇怪的例外情况。这个解决方案放弃了原始的 suite()方法所具备的能力和通用性，但是它声明式的风格使得代码更加容易阅读。（在运行测试方面，RunWith 注解比 suite()方法更为灵活，但这应该是另外一本书里的故事了。）

### 3.2.6　变化率

最后一个原则就是把具有相同变化率的逻辑、数据放在一起，把具有不同变化率的逻辑、数据分离。变化率具有时间上的对称性。有时候可以将变化率原则应用于人为的变化。例如，如果开发一套税务软件，我会把计算通用税金的代码和计算某年特定税金的代码分离开。两类代码的变化率是不同的。在下一年中做调整的时候，我会希望能够确保上一年中的代码依然奏效。分离两类代码可以让我更确信每年的修改只会产生局部化影响。

变化率原则也适用于数据。一个对象中所有成员变量的变化率应该差不多是相同的。只会在一个方法的生命周期内修改的成员变量应该是局部变量。两个同时变化但又和其他成员的变化步调不一致的变量可能应该属于某个辅助对象。比如金融票据的数值与币种会同时变化，那么这两个字段最好放到一个辅助对象 Money 中：

```
setAmount(int value, String currency) {
  this.value= value;
  this.currency= currency;
```

```
    }
```

上面这段代码就变成了：

```
setAmount(int value, String currency) {
  this.value= new Money(value, currency);
}
```

然后进一步调整：

```
setAmount(Money value) {
  this.value= value;
}
```

变化率原则也是对称性的一个应用，不过是时间上的对称。在上面的例子中，value 和 currency 这两个初始字段是对称的，它们会同时变化。但它们与对象中其他的字段是不对称的。把它们放到自己应该从属的对象中，让新的对象向阅读者传达出它们的对称关系，这样就更有可能在将来消除重复，进一步达到影响的局部化。

## 3.3 小结

本章介绍了实现模式的理论基础。沟通、简单和灵活这三条价值观为模式提供了广泛的动机。局部化影响、最小化重复、将逻辑与数据捆绑、对称性、声明式表达和变化率这 6 条原则帮助我们将价值观转化为实际行动。接下来我们将会进入模式的世界，看一看针对编程实战中频繁出现的问题，会有哪些特定的解决方案。

注重通过代码与人沟通是一件有价值的事情，我们将在下一章“动机”中探寻其背后的经济因素。

# 第 4 章

# 动机

30 年前，Yourdon 和 Constantine 在 *Structured Design* 一书中将经济学作为了软件设计的底层驱动力。软件设计应该致力于减少整体成本。软件成本 $cost_{total}$ 可以被分解为初始成本 $cost_{develop}$ 和维护成本 $cost_{maintain}$：

$$cost_{total} = cost_{develop} + cost_{maintain}$$

当这个行业在软件开发的过程中慢慢积累了经验以后，人们发现，软件的维护成本要远远高于它的初始成本。这个结果让大多数人都倒吸了一口冷气。（那些对维护的需求很小或者根本不需要维护的项目，它们所使用的模式应该和本书所讲述的实现模式迥异。）

维护的代价很大，这是因为理解现有代码需要花费时间，而且容易出错。知道了需要修改什么以后，做出改动就变得轻而易举了。掌握现在的代码做了哪些事情是最需要花费人力物力的部分。改动之后，还要进行测试和部署。

$$cost_{maintain} = cost_{understand} + cost_{change} + cost_{test} + cost_{deploy}$$

减少整体成本的策略之一是在初期的开发中投入更多精力，希望借此减少甚至消除维护的需要。这些做法往往会失败。一旦代码以未预期的方式发生变化，人们所曾做出的任何预见都不再是万全之策。人们可能会为了防备将来发生的变化而过早考虑代码的通用性，但如果出现了没有预料到而又势在必行的变化，先前的做法往往就会与现实发生冲突。

从本质上看，增加软件的先期投入是与两条重要的经济学原则——金钱的时间价值和未来的不确定性——相悖的。今天的一元钱会比明天的一元钱更值钱，所以从原则上讲，我们的实现策略应该是尽量将支出推后。同样，由于不确定性的存在，实现策略应该更倾向于带来即时收益而非长远收益。这听上去好像在鼓励人们目光短浅一些，不去考虑将来，但实际上这些实现模式一方面着眼于获得即时收益，另一方面也在创建干净的代码，以方便将来的开发工作。

我用来减少整体成本的策略是，要求所有开发人员在进行维护的时候注重程序员与程序员之间的沟通，减少理解代码所带来的代价。清晰明确的代码会带来即时收益：代码缺陷更少，更易共享，开发曲线更加平滑。

将一些实现模式形成习惯后，我的开发速度得到了提升，令我分心的想法也更少了。刚开始写下最初的几个实现模式的时候（*The Smalltalk Best Practice Patterns*，Prentice Hall，1996），我自以为是个编程能手。为了促使自己把注意力放在模式上，我在记录下所遵守的模式之前一个字符的代码也不肯输入。那段经历实在是很折磨人，就像把手指扭结在一起打字一样。在第一个星期内，每编写一分钟的程序都要先进行几个小时的写作。到了第二个星期，我发现大多数的基本模式都已经就绪了，大部分时间我只是在遵守这些现成的模式编程而已。还没到第三个星期，我就比从前的开发速度快了很多，因为我已经认认真真地检查过自己的开发方式，不会再有各种疑惑在我大脑中反复唠叨干扰思路了。

这些实现模式只有一部分是我自己的发明。我的开发方式有很大一部分都是从早一代程序员那里借鉴过来的。这些良好的编程习惯存在于那些容易阅读、容易理解并容易维护的代码之中，将它们落为明文以后，我的编码速度得到了提升，也变得更加流畅。在为将来做好准备的同时，我还可以更快地完成今天的代码。

在编写本书的过程中，我既总结了个人的编程习惯，也从已有的代码中寻找灵感。我读过 JDK、Eclipse 和我以往开发经历中的代码，并将它们进行了比较。最后所形成的这些模式，是想帮助读者清晰地认识到该如何编写人们可以理解的代码。关注的方向不同，价值观念不同，就会形成不同的模式。比如在“改进框架”一章中，我撰写了专门适合开发框架的实现模式。开发框架时的价值取向不同于一般开发，所以其实现模式也不同于一般的实现模式。

就像为经济目的服务一样，实现模式也在为人类服务。代码来自于人，服务于人。编程人员可以使用实现模式来满足人本身的需要，比如从工作中获得成就感，或者成为社区中为人信任的一员。在后续的章节中，我会继续讨论模式给人和经济两方面带来的影响。

# 第 5 章

# 类

类的概念早在柏拉图之前就出现了。比如说，5 种柏拉图立体[1]就是 5 个类，它们的实例随处可见。柏拉图立体是绝对完美的，但它们并不实际存在。至于我们身边那些触手可及的实例，它们总有某些不甚完美的方面。

面向对象编程像柏拉图之后的西方哲学家一样延续了这种思维。面向对象编程把程序划分成许多类，类是对一组相似的东西的一般归纳，而对象则是这些东西本身。

类对于沟通很重要，因为它们可以描述很多具体的东西。实现模式最大的跨度只到类一级；与之相比，设计模式则主要是在讨论类与类之间的关系。

本章将会介绍下列模式：

- 类（Class）——用一个类来表示“这些数据应该放在一起，还有这些逻辑应该也和它们在一起”；
- 简单的超类名（Simple Superclass Name）——位于继承体系根上的类应该有简单的名字，用以描绘它的隐喻；
- 限定性的子类名（Qualified Subclass Name）——子类的名字应该表达出它与超类之间的相似性和差异性；
- 抽象接口（Abstract Interface）——将接口与实现分离；

---

[1] 柏拉图立体：即正多面体，包括正四面体、正六面体、正八面体、正十二面体和正二十面体 5 种。 ——译者注

- interface——用 Java 的 interface 机制来表现不常变化的抽象接口；
- 有版本的 interface（Versioned Interface）——引入新的子 interface，从而安全地对 interface 进行扩展；
- 抽象类（Abstract Class）——用抽象类来表现很可能变化的抽象接口；
- 值对象（Value Object）——这种对象的行为就好像数值一样；
- 特化（Specialization）——清晰地描述相关计算之间的相似性和差异性；
- 子类（Subclass）——用一个子类表现一个维度上的变化；
- 实现器（Implementor）——覆盖一个方法，从而表现一种计算上的变化；
- 内部类（Inner Class）——将只在局部有用的代码放在一个私有的类中；
- 实例特有的行为（Instance-specific Behavior）——每个实例的逻辑都有不同；
- 条件（Conditional）——明确指定条件，以表现不同的逻辑；
- 委派（Delegation）——把操作委派给不同类型的对象，以表现不同的逻辑；
- 可插拔的选择器（Pluggable Selector）——通过反射来调用方法，以表现不同的逻辑；
- 匿名内部类（Anonymous Inner Class）——在方法内部创建一个新对象，并覆盖其中的一两种方法，以表现不同的逻辑；
- 库类（Library Class）——如果一组功能不适合放进任何对象，就将其描述为一组静态方法。

## 5.1　类

数据的变化比逻辑要频繁得多，正是这种现象让类有了存在的意义。每个类其实就是这样一个声明：这些逻辑应该放在一起，它们的变化不像它们所操作的数据那么频繁；这些数据也应该放在一起，它们变化的频率差不多，并且由与之关联的逻辑来负责处理。这种“数据会变、逻辑不变”的划分并非绝对适用：有时随着数据值的不同，逻辑也会有所不同；有时逻辑也会发生相当大的变化；有时数据本身在计算的过程中反倒不会改变。学会如何用类来包装逻辑和如何表达逻辑的变化，这是有效使用对象编程的重要部分。

把多个类放进一个继承体系可以缩减代码量，比原封不动地把超类的内容照抄到所有子类精简得多。和所有缩减代码量的技巧一样，它也让代码变得更难读懂；必须理解超类的上下文，然后才有可能理解子类。

正确使用继承也是有效使用对象编程的一方面。子类传递的信息应该是：我和超类很像，只有少许差异。（我们经常说在“子类”中“覆盖”一种方法，这听起来难道不奇怪吗？要是当初精心挑选一个好的隐喻，程序员的日子应该好过得多吧。）

在由对象搭建而成的程序中，类是相对昂贵的设计元素。一个类应该做一些有直接而明显的意义的事情。减少类的数量是对系统的改进，只要剩下的类不因此而变得臃肿就好。

后面的模式介绍了如何通过类的声明来表达设计思路。

## 5.2 简单的超类名

找到一个贴切的名字是编程中最令人开心的时刻之一。你一直为一个含糊不清的念头而困扰，代码变得越来越复杂，但你总觉得它可以不必那么复杂。然后，往往是在闲聊时，有人冒了一句：“噢，我明白了，不就是个调度器（Scheduler）吗。”于是大家向后一靠，长舒一口气。贴切的名字能引发连锁反应，带来更深入的简化与改进。

在所有的命名当中，类的命名是最重要的。类是维系其他概念的核心。一旦类有了名字，其中操作的名字也就顺理成章了。相反的情况却很少成立，除非类的名字一开始命名得太糟糕。

类名的“简短”与“表现力”之间存在张力。你会在交谈中用到类名：“记得在平移 Figure 之前先要旋转一下吗？所以类名应该简明扼要，但有时候一个类名又要用到好几个单词才足够精确。

摆脱这种两难境地的办法就是给计算逻辑找到强有力的隐喻。脑子里有了隐喻，一个个单词就不只是单词，而是一张张关系、连接和暗示的大网。比如说在开发 HotDraw 这个绘图框架时，我一开始把图画（drawing）中的对象命名为 DrawingObject。Ward Cunningham 带来了一个印刷方面的隐喻：一幅图画就好像印刷出来、排版妥当的纸页，纸页上画出来的元素正是图形（figure），于是这个类的名字就变成了 Figure。有了这个隐喻作为铺垫，Figure 这个名字不仅比原来的 DrawingObject 更简短，而且更准确、更具表现力。

有时候需要花些时间才能想出一个好名字。甚至可能代码已经“完工”，投入运行了好几周、好几个月甚至（我真的遇到过这种情况）好几年之后，突然想到了一个更好的类名。有时候需要强迫自己找到一个好名字，抽出一本辞典，写下所有多少有些接近的名字，站起来走一走。另一些时候应该带着挫败感和对时间的信心先去考虑新功能的实现，潜意识会默默起作用的。

交谈总能帮助我想出更好的名字。要尝试把一个对象的用途解释给别人听，我就得寻找具有表现力和感染力的图景来描述它，这样的图景往往能引出新的名字。

对于重要的类，尽量用一个单词来为它命名。

## 5.3 限定性的子类名

子类的名字有两重职责，不仅要描述这些类像什么，还要说明它们之间的区别是什么。同样，在这里需要权衡长度与表现力。与位于继承体系根上的超类不同，子类的名字在交谈中用得并不频繁，所以值得以牺牲简明来换取更好的表现力。通常在超类名的基础上扩展一两个词就可以得到子类名。

这条规则也有例外：如果继承只是用作共享实现的机制，并且子类本身就代表一个重要的概念，那么这样的子类就应该被视为它自己的继承体系的根，拥有一个简单的名字。举例来说，HotDraw 里有一个 Handle 类，代表当图形被选中时对其进行编辑操作。尽管它继承自 Figure 类，它还是有一个简单的名字：Handle。在它之下还有一大堆的子类，它们的名字也大多扩展自 Handle，例如 StretchyHandle、TransparencyHandle 等。由于 Handle 是这个继承体系的根，因此它更应该取一个简单的超类名，而不是加上各种修饰语扩展而成的子类名。

给多级继承体系中的子类命名也是一个难题。一般而言，多级继承体系应该进行重构，换成使用委派，但既然它们还在这里，就应该给它们一个好名字。不要不假思索地在直接超类的基础上扩展出子类名，要多从阅读者的角度来想想阅读者需要了解这个类的什么信息。你应该带着这个思考，以超类名为参考来给子类命名。

与他人沟通是类名的用途，如果仅仅为了和计算机沟通，只要给每个类编号就足够了。太长的类名读写都费劲，太短的类名又会考验阅读者的记忆力。如果一组类的名字体现不出它们之间的相关性，阅读者就很难对它们形成整体印象，也很难回忆起它们的关系。应该用类名来讲述代码的故事。

## 5.4 抽象接口

请牢记软件开发的古训：针对接口编程，不要针对实现编程。从另一个角度来说，这也意味着设计决策不应该暴露给不必要的地方。如果大部分代码只知道我在处理一个容器，那么我就可以随时改变这个容器的具体实现。但有时不得不指定具体类，否则计算就没法进行下去。

这里所说的“接口”是指“一组没有实现的操作”。在 Java 中，接口这个概念既可以表现为 interface，也可以表现为超类。随后的两个模式会分别指出两者的适用场景。

每层接口都有成本：需要学习它，理解它，给它写文档，调试它，组织它，浏览它，还有给它命名。并不是接口数量越多软件成本就会越少，只有需要接口带来的灵活性时才值得为它付出成本。所以，既然很多时候并不能提前知道是否需要接口带来的灵活性，出于降低成本的考虑，在仔细考虑“哪些地方需要接口”的同时，最好是在真正需要这种灵活性时再引入接口。

尽管我们成天都在抱怨软件不够灵活，但很多时候系统根本不需要变得更灵活。不管是要进行基础性的修改（例如改变整数类型的字节数）还是大范围的修改（例如引入新的商业模型），大部分软件都不会需要最大限度的那种灵活性。

在引入接口时的另一个经济方面的考量是软件的不可预测性。我们这个行业似乎已经沉溺于这样一种观念：只要一开始设计正确，软件系统就不需要任何变动。最近我读到了一份关于“软件变更的理由”的列表，其中列举的条目包括程序员没有弄清需求、客户改变了想法，等等，唯一没有提到的是正当的变更。这样的一份列表传达出的信息是：变更总是错误的。可是，为什么一份天气预报不能永远正确呢？因为天气以不可预测的方式变化。同样的道理，为什么我们不能一次列出系统中所有需要灵活性的地方呢？因为需求和技术都在以不可预测的方式变化。这并非要给我们程序员免责，我们仍然要尽全力开发客户当下需要的系统；但它让我们知道，通过预先思考来弄清软件将来的样子，其效果是相当有限的。

所有这些因素——对灵活性的需要、灵活性的成本、“何处需要灵活性”的不可预测——加在一起让我相信：应该在确定无疑地需要灵活性时，才应该引入这种灵活性。引入灵活性是有代价的，因为需要修改已有的软件。如果不能独自完成所有需要的修改，成本就会更高，我们在后面关于“改进框架”的章节中会详细讨论这个话题。

Java 有两种方式来表现抽象接口：超类和 interface。它们在应对变化时涉及的成本各有不同。

## 5.5 interface

要用 Java 表达“这是我要完成的任务，除此之外的细节不归我操心”，可以声明一个 interface。interface 是 Java 率先引入编程语言市场主流的重要创新之一。interface 是一个很好的平衡，它带来了多继承的一部分灵活性，同时又没有多继承的复杂性和二义性。一个类可以实现多个 interface。interface 只有操作，没有成员变量，所以它们能够有效保护其使用者不受实现变化的侵扰。

如果说 interface 让改变的工作更加轻松，那么不能不提的就是对接口本身的修改是不被鼓励的；一旦在 interface 上增加或者修改方法，就必须同时改变所有的实现类。如果无权改变实现，大量使用 interface 会严重拖累日后的设计调整。

此外 interface 的一个特点也影响了它们作为沟通手段的价值：其中所有的操作都必须是 public 的。我经常会希望在 interface 中声明一些包内可见的操作。如果程序只是小范围使用，让设计元素的可见性略微高一点还不算什么大问题。但如果要把接口发布给很多人去用，那么最好是准确地指定希望让他们看到哪些操作。不要因为一时懒惰断了自己的后路。

给 interface 命名有两种风格，选择哪一种取决于如何看待它们。如果把 interface 看作“没有实现的类”，那么就应该像给类命名一样地给它们命名（简单的超类名、限定性的子类名）。这种命名风格的问题是：接口会占掉那个最贴切的名字，给类命名的时候就不能用了。举例来说，如果一个 interface 叫 File，那么它的实现类就只好叫 ActualFile、ConcreteFile 或者（可恶！）FileImpl（后缀加缩写）之类的。一般情况下，有必要让使用者知道自己究竟是在操作具体的对象还是抽象的接口，至于这个“抽象的接口”究竟是 interface 还是超类倒是不那么要紧。用这种命名规则，可以不必一上来就把 interface 和超类划清界限，于是你就可以在有必要时改变想法。

但有时候比起隐藏“此处使用 interface”这一事实来，具体类的命名对于交流更加重要。在这种情况下，可以给 interface 的名字加上“I”前缀：如果 interface 的名字是 IFile，那么实现类就可以叫 File 了。

## 5.6 抽象类

在 Java 中区分抽象接口与具体实现的另一种方式是使用超类。超类是抽象的，因为超类的引用可以在运行时替换为任何子类的对象；至于这个超类在 Java 的语法意义上是不是抽象的，这并不重要。

何时应该使用超类，何时应该使用 interface？取舍最终归结为两点：接口会如何变化，实现类是否需要同时支持多个接口。抽象接口需要支持实现的变化以及接口本身的变化两种类型的变化。Java 的 interface 对后者的支持不佳；一旦改变 interface，所有的实现类都必须同时修改。如果要修改一个有很多实现类的 interface，很容易导致现有的设计陷入瘫痪，以致只好借助有版本的 interface 来调整设计。

抽象类则没有这方面的限制。只要提供了默认实现，在抽象类中新增的操作就不会侵扰现有的实现类。

抽象类的局限体现在实现类必须对其忠心不贰。如果需要以另一种视角来看待同一个实现类，就只能让它实现 interface 了。

用 abstract 关键字来修饰一个类可以告诉阅读者：如果要使用这个类，就必须做一些实现工作。不过，只要有可能让继承体系根上的类被独立创建和使用，就应该这样做。一旦走上抽象化这条路，就容易滑得太远而创造出没有价值的抽象。努力让继承体系的根也能独立创建，可以促使你消除那些不必要的抽象。

interface 和类继承体系并不是互斥的。你可以提供一个接口说“你可以使用这些功能”，再提供一个超类说“这是一种实现方式”。此时使用者应该引用接口类型，这样未来的维护者就可以根据需要随时替换新的实现。

## 5.7 有版本的 interface

如果想要修改一个 interface 但又不能修改，怎么办？这种情况通常在想要增加操作时发生，在 interface 中增加操作会破坏所有现有的实现类，所以不能这样做。不过可以声明一个新的 interface，使它继承原来的 interface，然后在其中增加操作。如果使用者需要新增的功能，就使用这个新的 interface，其他使用者则继续无视新 interface 的存在。使用这种做法，在需要新功能时必须明确检查对象的类型，并将其向下转型成新 interface 的类型。

比如说，考虑一个简单的“命令”interface：

```
interface Command {
  void run();
}
```

当这个 interface 被发布出去并被实现了成千上万次以后，修改它的成本就会极其高昂。但为了支持命令的取消，需要新增一个操作。用有版本的 interface 来解决这个问题，我们就得到了如下的子 interface：

```
interface ReversibleCommand extends Command {
  void undo();
}
```

所有现存的 Command 实例仍然照常工作，ReversibleCommand 的实例也完全可以胜任 Command 的职责。如果需要使用新的操作，就需要向下转型：

```
...
Command recent= ...;
if (recent instanceof ReversibleCommand) {
  ReversibleCommand downcasted= (ReversibleCommand)recent;
  downcasted.undo();
}
...
```

一般情况下，使用 instanceof 会降低灵活性，因为这会把代码与具体类绑定在一起。但在这个例子里使用 instanceof 应该是合理的，因为这样才能对 interface 作出调整。不过，如果可选的 interface 有很多，使用者就需要花很多精力来处理各种变化，这就表示你需要重新思考你的设计了。

这是一种丑陋的解决方案，用来解决一类丑陋的问题。interface 能很好地适应实现的变化，却不容易适应自身结构的变化。尽管如此，interface——和所有设计决策一样——还是有可能会变化，毕竟我们都是在实现和维护的过程中学会设计的。通过提供有版本的 interface，我们实际上创造了一种新的编程语言，看起来像 Java，但规则却是不同的。发明新语言是一个困难的游戏，这个游戏的规则比开发应用程序要严苛得多。但无论如何，如果真的遇到需要对 interface 进行扩展的尴尬局面，知道该怎么去做总是好的。

## 5.8 值对象

把具有可变状态的对象作为思考计算问题的一种方式确实很有价值，但它并非唯一的方式。当问题可以被归约到由绝对真实和确定构成的、在其中可以谈论“永恒真理”的抽象世界时，另一种思考这类问题的方式已经发展了数千年，那就是数学。

目前的编程语言则是两种风格的混合体。Java 中所谓内建类型

（primitive type）大多属于数学领域：在 Java 里一个数加 1 实际上是一个数学操作（只除了某些人规定了我的计算机最多只能数到 232 或者 264，然后就得从头数起）。一个变量加 1，变量本身的值不会改变，而是创建出一个新的值。你没有办法改变整数 0，但对于其他大多数对象，你却可以改变它们。

这种函数式的计算风格永远不会改变任何状态，只是创建新的值。如果你面对一个可能只是暂时静止的情景，随后的操作或者查询都针对这个情景来进行，那么函数式的风格比较合适。如果面对的情景总在不断变化，那么有状态的风格比较合适。问题是，有些情景用两种方式来看待都可以，那么又该如何选择呢？

比如说，对于“画图”这件事，可以把它表现为“图介质（例如位图）的状态变迁”，也可以用静态的方式来描述这同一幅图（如图 5.1 所示）。

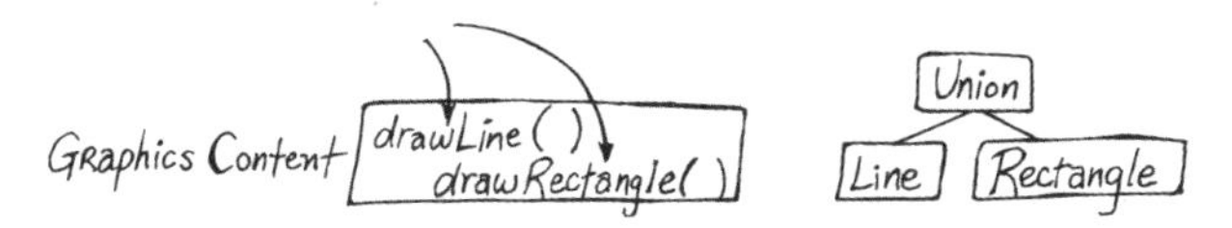


图 5.1 用过程的方式和对象的方式来描述图

哪种表现方式更有用？这一定程度上取决于个人偏好，但同时也取决于图形的复杂程度，以及图形发生变化的频繁程度。

过程式接口比函数式接口更常见。过程式接口的一个问题是，过程调用的顺序成为了接口含义的重要（但往往并不明显）组成部分。修改这样的程序非常困难，需要格外小心，你可能只做了一点小小的改变，却不留神改变了调用的顺序，从而破坏了其中隐藏的接口含义，并因此带来意料之外的影响。

相比之下，数学表现方式的好处就在于调用顺序对接口含义的影响很小。用这种编程方式，你就创造了一个微型世界，在其中可以作出绝对的、与时间无关的陈述。只要有可能，就应该创造这种数学的微型世界，然后通过具有可变状态的对象来管理它们。

举例来说，在一个财务系统中，我们可以把基本的交易表现为不可变的数学值。

```
class Transaction {
  int value;
  Transaction(int value, Account credit, Account debit){
    this.value= value;
    credit.addCredit(this);
    debit.addDebit(this);
  }
  int getValue() {
    return value;
  }
}
```

一旦 Transaction 对象被创建出来，它的值就无法改变。而且它的构造函数清楚地指出，任何交易都会同时记入借方和贷方账户。读过这段代码，我就知道自己不必担心交易双方的账目对不上，或是在传递的过程中交易额发生改变。

要实现一个值对象（或者说，看起来像是整数而不是像一个可变状态的容器那样的对象），需要首先在“状态的世界”和“值的世界”之间画出一条边界。在上面的例子中，Transaction 是值，而 Account 则包含可变的状态。值对象的所有状态都应该在构造器中设置，其他地方不再提供改变其内部状态的方式。对值对象的操作总是返回新的对象，操作的发起者要自己保存返回的对象。

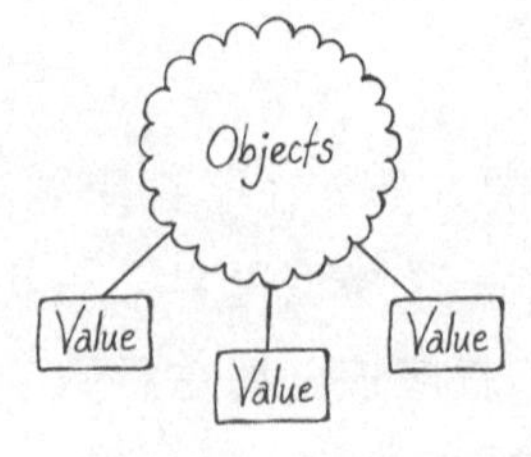


图 5.2 状态会变化的对象引用不可变的对象

```
bounds.translateBy(10,20); // mutable Rectangle
bounds=bounds.translateBy(10,20);//value-style Rectangle
```

对于值对象，最大的反对意见总是性能：创建那么多临时对象，会让内存管理系统不堪重荷。但如果考虑整体成本，这种反对意见往往站不住脚，因为程序中的绝大部分并不是性能瓶颈。其他不使用值对象的理由还包括不熟悉这种风格，难以划清系统中“状态需要发生变化”与“对象不能变化”这两部分的边界，等等。需要注意，大部分是值风格但又不纯粹是值风格的对象是最糟糕的，因为这种对象的接口会更复杂，而又不能保证它的状态不会改变。

尽管已经说了那么多，但关于 3 种主要编程风格（对象、函数式和过程式）及其有效应用，我感觉还有千言万语想要说。不过考虑到本书的目标，我只想最后再重复一遍，有时候，组合使用状态可变的对象和像数值一样不可变的对象，能够最好地表现你的程序。

## 5.9 特化

清晰地描述计算过程中相似性与差异性的相互作用，可以让程序更容易阅读、使用和修改。在实际工作中，没有哪段程序是独一无二的。不同程序会表达相似的概念，同样，一个程序中的很多部分往往也在表达着相似的概念。清晰地描述相似性和差异性，就能让阅读者更好地理解现有的代码，找出自己想要做的事情是否已经被某种现有的各种实现所覆盖，以及——如果还没有现成实现——如何对现有代码加以特化或是编写新的代码以满足需要。

最简单的变化是状态的差异。字符串“abc”显然是与“def”不同的，但操作这两个字符串的算法是一样的，例如所有字符串的长度都以同样的方法来计算。

最复杂的变化是在逻辑上完全不同。符号积分子程序和数学式排版子程序在逻辑上毫无共通之处，虽然它们接受的输入可能是一样的。

大多数程序位于两个极端——“相同的逻辑处理不同的数据”和“不同的逻辑处理相同的数据”——之间的某个位置：数据可能大多相同，但略有些区别；逻辑可能大多相同，但略有些区别。（我猜即使符号积分子程序和数学式排版子程序也会多少共享一点代码。）就连逻辑和数据之间的分界也有些模糊：一个标记，它本身是 boolean 型的数据，但会影响控制流的运行；一个辅助对象可以被保存在成员变量里，但它又可以对计算的过程造成影响。

随后的几个模式都是用于描述（主要是逻辑上的）相似性和差异性的技术。数据的变化似乎没有那么复杂和微妙。有效地描述逻辑上的相似性和差异性，能为未来对代码进行扩展创造新的机会。

## 5.10 子类

声明一个子类就是在说：这些对象与那些对象很类似，只除了……如果有个适当的超类，创建子类会是一种强大的编程方式。通过覆盖适当的方法，只需几行代码就可以为现有的计算逻辑引入变化。

对象技术刚开始流行时，继承一度被视为万灵药。一开始人们用继承来分类：Train 是 Vehicle 的子类，不管两者是否共享任何实现。不久，一些人又发现：既然继承所做的就是共享实现，用它来抽取共同的实现部分就是最有效的办法了。但好景不长，继承的局限性很快就暴露出来了。首先，这张牌只能用一次：如果事后发现一些变化情况无法用子类的方式很好地表达，就得先花点工夫把代码从继承关系中解开，然后才能重新组织它。其次，使用者必须首先理解超类，然后才可能理解子类，随着超类变得复杂，这个问题会更加严重。第三，对超类的修改颇有风险，因为子类有可能依赖于超类实现中某个微妙的属性。最后，在过深的继承体系中，所有这些问题都会出现。

创建平行的继承体系可以算是特别糟糕的继承用法：“这个”继承体系中的每个子类都需要“那个”继承体系中的一个对应的子类。这既是重复的一种形式，又在类继承体系之间建立了隐晦的耦合。以后如果要引入一种新的变化情况，就要同时修改这两个继承体系。虽然我经常会看到一些平行继承体系而又一时想不出办法来解决，但消除这种情况的努力确实会给设计带来改善。

图 5.3 所示的保险系统就是平行继承体系的一个例子：这个设计必定有什么问题，因为 InsuranceContract 不可能引用 PensionProduct，但把对 Product 对象的引用移到子类上也不是一个吸引人的方案。理想的解决办法是把处理变化的逻辑换个地方：不管是处理保险业务还是退休金业务，Contract 类都做同样的事。这就需要新建一个类来代表预期的现金流（如图 5.4 所示）。顺便提一句：我们没有真正到达这个方案所描述的设计，不过在一年的奋斗之后我们已经相当接近了。

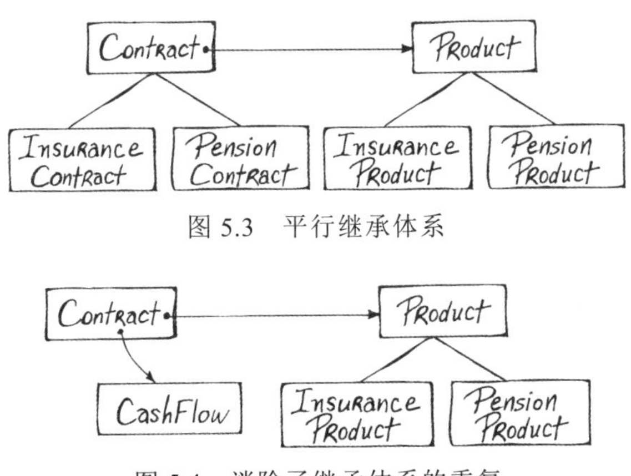


图 5.3 平行继承体系

图 5.4 消除了继承体系的重复

只要记着所有这些警告，子类继承还是一种用于表达计算的“基调与变奏”的强大工具。合适的子类能帮助人们用一两个方法准确地描述出自己想要的计算逻辑。要得到合适的子类，关键在于把超类中的逻辑进行彻底地划分，直到每个方法只做一件事。在编写子类时，应该可以只覆盖一个方法而不管其他方法。如果超类中的方法太多，就要把其中的代码复制出来再加以修改（如图 5.5 所示）。

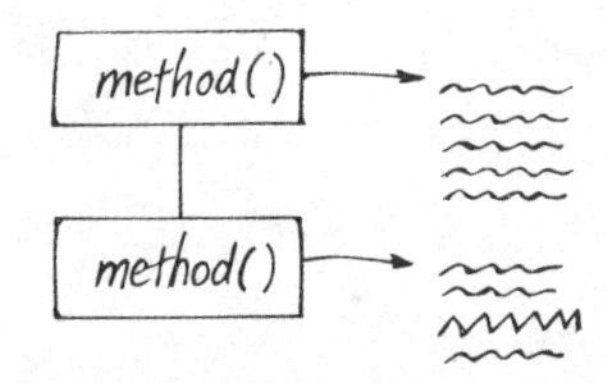


图 5.5 在子类中复制超类的代码再做修改

复制过来的代码为这两个类带来了丑陋而隐晦的耦合：不能放心地修改超类中的代码，必须同时检查甚至修改所有复制了这段代码的地方。

在做设计时，我追求能着眼于眼前代码的需要，随心所欲地切换设计策略。考虑用条件语句、子类、委派等不同的方式来表现同样的代码。另一种策略会不会比现在使用的看起来更好？如果有这种感觉，那么朝这个方向走几步试试看能不能对代码有所改进。

子类继承还有一个局限：它不能表现不断变化的逻辑。你所要表现的变化情况在创建对象时就已经清楚了，此后无法再改变。如果需要逻辑随时变化，条件语句或是委派就能派上用场了。

## 5.11 实现器

在由对象组成的程序中，多态消息是表达选择的基本方法之一。为了让消息能起到选择的作用，能够接收到该消息的对象就必须不止一种。

把同一个协议实现多次（不管是用 implements 语法实现一个 interface，还是用 extends 语法继承一个类）所表达的意思是：从计算的这一方面来看，只要有某些符合代码意图的事情发生就可以了，至于“到底发生了什么”，我们并不关心。

多态消息的优美之处在于，它们给系统开启了变化的机会。如果程序中的某一部分要把一些字节写到另一个系统，引入抽象的 Socket 就能让开发者随时改变套接字的具体实现而不影响其使用者。相比实现同样功能的过程式实现（明确而封闭的条件逻辑），对象/消息的实现方式更加清晰，并且分离了意图（传递一组字节）与实现（用某些参数来进行 TCP/IP 调用）。同时，用对象和消息的方式来描述计算，让系统有可能以最初的程序员做梦都想不到的方式发生变化。清晰的表达与灵活性，两者的天作之合正是面向对象语言成为主流的原因所在。

但很多人却在用 Java 编写过程式的程序，这不啻是暴殄天物。这里的模式就是为了帮助你更好地以一种清晰而又可扩展的方式表达计算逻辑。

## 5.12 内部类

有时候需要把一部分计算逻辑包装起来，但又不想新建一个文件来安置全新的类。这时可以声明一个小的私有类（内部类），这样就可以低成本地获得类的大部分好处。

有时内部类只需要继承 Object。有时它们会继承别的超类，从而告诉阅读者：超类的这种细微变体只在这个小范围内有意义。

内部类有一个特点：当内部类被实例化时，它的对象会悄悄地获得创建它的那个对象。如果想访问后者的实例数据而又不想在两者之间建立显式的关联，这个特点就显得很方便了。

```
public class InnerClassExample {
  private String field;
  public class Inner {
    public String example() {
      return field; // Uses the field from the enclosing instance
    }
```

```
    @Test public void passes() {
      field= "abc";
      Inner bar= new Inner();
      assertEquals("abc", bar.example());
    }
  }
```

但上面这个内部类并没有一个真正的无参构造函数，即便声明一个也没有用。所以尝试通过反射来创建内部类实例会遇到问题。

```
public class InnerClassExample {
  public class Inner {
    public Inner() {
    }
  }
  @Test(expected=NoSuchMethodException.class)
  public void innerHasNoNoArgConstructor() throws Exception{
    Inner.class.getConstructor(new Class[0]);
  }
}
```

如果要让内部类与其所处的对象实例完全分离，可以将其声明为static。

## 5.13　实例特有的行为

从理论上来说，一个类的所有实例逻辑都是一样的。如果放松这一限制，就会出现一些新的表达方式，但这些方式都有其成本。如果对象的逻辑完全由类来决定，阅读者只要看类中的代码就知道会发生什么。一旦各个实例有不同的行为，就需要在运行时观察或者分析数据流才能理解一个对象的行为。

如果实例的逻辑会在计算进行的过程中发生改变，那么它带来的成本会更高。为了让代码容易被读懂，即便是实例特有的行为，也最好是在对象创建之初就确定下来，之后不再改变。

## 5.14 条件语句

要实现实例特有的行为，if/then 和 switch 语句是最简单的方式。使用条件语句，不同的对象会根据其中的数据来执行不同的逻辑。这种表达方式的好处是：所有逻辑仍然在同一个类里，阅读者不必四处寻找所有可能的计算路径。但条件语句的缺点是：除了修改对象本身的代码之外，没有其他办法修改它的逻辑。

程序中的每条执行路径都有可能正确，同时也有可能出错。假设各条路径不出错的可能性是彼此独立的，那么程序中的执行路径越多，整个程序正确无误的可能性就越低。当然，各条路径不出错的概率并不是完全独立的，但已经足以使得路径更多的程序包含错误的可能性更大。简而言之，条件语句的增加会降低可靠性。

如果条件语句还有重复，情况就会更加糟糕。请考虑一个简单的图形编辑器，其中每种图形都需要一个 display()方法：

```
public void display() {
  switch (getType()) {
    case RECTANGLE :
      //...
      break;
    case OVAL :
      //...
      break;
    case TEXT :
      //...
      break;
```

```
        default :
          break;
    }
  }
```

同时图形还需要一个方法来判断一个点是否在自己的范围之内：

```
public boolean contains(Point p) {
  switch (getType()) {
    case RECTANGLE :
      //...
      break;
    case OVAL :
      //...
      break;
    case TEXT :
      //...
      break;
    default :
      break;
  }
}
```

再假设要新增一种图形。首先，必须在每个 switch 语句里都加上一个分支。此外，还要修改 Figure 类，从而使所有现存的功能都冒被破坏的风险。最后，如果不止一个人想要新增图形，他们就要在一个类里协调所有的这些修改。

这些问题都可以解决，办法就是把条件逻辑变成消息，发送给子类或者委派（哪种方式更好取决于代码的具体情况）。如果条件逻辑出现重复，或者各个条件分支上的逻辑差异很大，那么用消息的方式来描述会比显式的条件逻辑更好。此外，频繁变化的条件逻辑也最好是用消息来表现，这样可以使各个分支的修改更简单，对其他分支的影响更小。

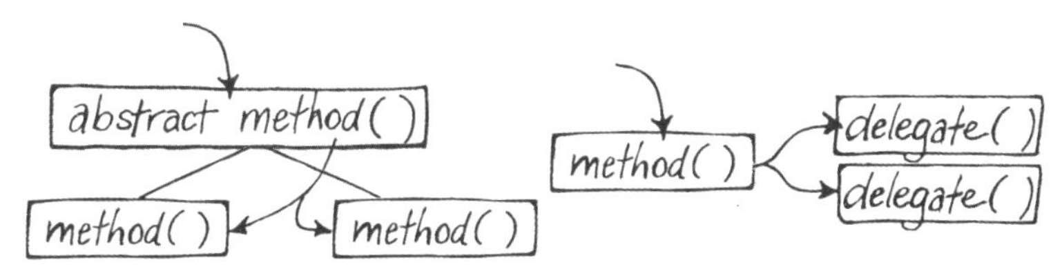


图 5.6 用子类或者委派来表现条件逻辑

简而言之，条件语句的好处在于简单和局部化。如果用得太多，这些好处反而变成弱点了。

## 5.15 委派

要让不同的实例执行不同的逻辑，另一种办法是把部分工作委派给不同类型的对象：不变的逻辑放在发起委派的类中，变化的逻辑交给被委派的对象。

这里有一个用委派处理变化逻辑的例子：在图形编辑器中处理用户输入。在一个图形编辑器中，用户按下按钮有时候表示“创建一个矩形”，有时候表示“移动一个图形”，等等。

可以用条件逻辑来表现各种工具的不同情况：

```
public void mouseDown() {
  switch (getTool()) {
    case SELECTING :
      //...
      break;
    case CREATING_RECTANGLE :
      //...
      break;
    case EDITING_TEXT :
      //...
      break;
```

```
    default :
      break;
  }
}
```

前面介绍过的那些条件逻辑的问题，在这里同样存在：要新增一种工具，就要修改这段代码，以及所有与之重复的条件语句（可能位于 mouseUp()、mouseMove()等方法中），于是新增一种工具也成了一件麻烦事。

子类化也不是立竿见影的解决之道，因为编辑器需要在运行时改变其中加载的工具。委派则可以提供这样的灵活性。

```
public void mouseDown() {
  getTool().mouseDown();
}
```

从前放在各个 switch 子句中的代码被搬到了不同的工具子类中。现在新增工具就无需再修改编辑器或者现有工具的代码了。但阅读代码时需要翻阅更多的类，因为处理“按下鼠标”动作的逻辑被分散到了几个不同的类。要想弄明白编辑器在某种情况下会有怎样的行为，必须首先弄清当时使用的是哪种工具。

委派对象可以保存在实例变量里（也就是所谓“可插拔对象”），也可以在使用时再决定。比如 JUnit 4 就会动态地决定用哪个对象来执行指定的类中所有的测试：如果测试类包含的是旧式风格的测试，JUnit 会创建一个委派对象来执行它们；如果其中包含的是新式风格的测试，则会创建另一个委派对象来执行它们。这里混合使用了委派和条件逻辑，后者用于创建委派对象。

除了实现实例特有的行为之外，委派还可以用来实现代码共享。比如说，如果一个对象把某些功能委派给 Stream 类，那么只要在运行时改变它所委派的 Stream 对象的具体类型，就可以让它具备实例特有的行为；或者它也可以与其他用户一起共享 Stream 的实现。

使用委派有一个常用技巧：把发起委派的对象作为参数传递给接受委派

的方法。

```
GraphicEditor
public void mouseDown() {
  tool.mouseDown(this);
}

RectangleTool
public void mouseDown(GraphicEditor editor) {
  editor.add(new RectangleFigure());
}
```

有时委派对象需要给自己发送消息，这个“自己”是有二义性的：有时候消息应该送给发起委派的对象，有时候消息应该送给委派对象。在下面的例子中，RectangleTool 会添加一个图形，但不是在自己身上添加，而是添加到发起委派的 GraphicEditor 上。GraphicsEditor 可以作为参数传给接受委派的 mouseDown()方法，不过这里在工具子类中保存 GraphicsEditor 的反向引用看起来似乎更方便。以参数形式传入 GraphicsEditor，多个编辑器就可以复用同一个工具；但如果无需考虑这个问题，那么反向引用的做法会比较简单。

```
GraphicEditor
public void mouseDown() {
  tool.mouseDown();
}

RectangleTool
private GraphicEditor editor;
public RectangleTool(GraphicEditor editor) {
  this.editor= editor;
}
public void mouseDown() {
  editor.add(new RectangleFigure());
}
```

## 5.16 可插拔的选择器

假设我们需要实例特有的行为，但只需要在一两个方法中体现，并且你也并不介意把各种变化情况的代码都放在一个类里。在这种情况下，可以把要调用的方法名保存在实例变量中，然后通过反射来调用该方法。

最早的时候，每个 JUnit 测试都必须保存在一个单独的类中（如图 5.7 所示），每个子类只有一个方法。为了测试一个类的功能，往往要写出几个测试类，使得整个概念看起来相当繁复。

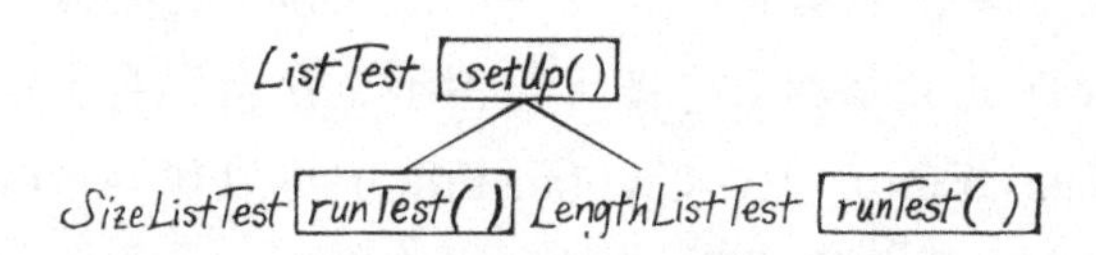


图 5.7 为了表现不同的测试，不得不创建一堆价值不大的子类

实现一个通用的 runTest()方法后，只要给 ListTest 设置不同的测试名，就可以执行不同的测试方法。测试名被认为也是测试类中的方法名，runTest()方法会根据测试名找到并执行对应的测试方法。下面就是“用可插拔的选择子执行测试”的一个简单实现。

```
String name;
public void runTest() throws Exception {
  Class[] noArguments= new Class[0];
  Method method= getClass().getMethod(name, noArguments);
  method.invoke(this, new Object[0]);
}
```

原来的类体系经过简化后只剩下了一个类（如图 5.8 所示）。与所有缩减代码量的技巧一样，只有理解了其中的妙处，才能容易地读懂它。

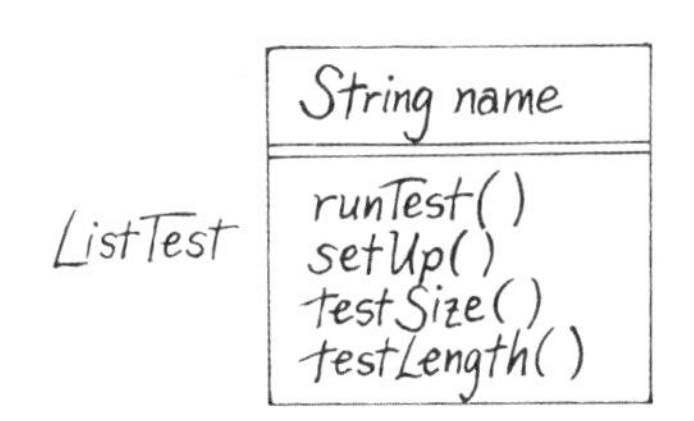


图 5.8 用可插拔选择子将原来的类体系压缩成一个类

可插拔的选择器刚开始流行时，很多人过分滥用了这种技巧。你很可能会遇到这样的情况：一段代码看起来似乎从未被调用过，于是你把它删掉，然后系统就崩溃了，因为这段代码被别处的某个可插拔选择子调用了。使用可插拔选择器的代价很大，只有需要解决某些特别困难的问题时才值得用这样的代价来换取，因此应该严格限制对这种技巧的使用。

## 5.17 匿名内部类

Java 还提供了另一种实现实例特有行为的方式：匿名内部类。用这种方式可以创建“只在一处使用”的类，这些类可以覆盖一个或者多个方法，完全为了当前的用途。由于只在一处使用，这样的类可以被隐式地引用，不需要有名字。

要用好匿名内部类，API 就必须极其简单（例如 Runnable 的实现类只需要覆盖 run()方法），或者有一个超类实现了绝大多数需要的方法。总而言之，匿名内部类的实现应该简单。对于嵌入内部类的代码而言，内部类的出现是一种干扰，因此匿名内部类的代码应该尽量简短，以避免扰乱阅读者的视线。

匿名内部类还有一个局限：在编写外部类时，必须知道内部类的代码（相比而言，委派对象则可以稍后再加上）；一旦外部类实例创建出来，内部类的行为就不能改变。同时，匿名内部类难以直接测试，因此不要在其中放置复杂的逻辑。由于这些类是无名的，你没有机会用一个精心选择的名字来描述你的意图。

## 5.18 库类

如果某些功能放在哪个对象中都不合适，那么该把它们放在哪里呢？一个办法是在一个空类中创建静态方法。任何人都不应该创建这个类的实例，它只是用来安放这些功能。

尽管库类相当常见，但它不适合大量使用。把所有逻辑都放在静态方法中就错过了对象的最大好处：把数据放入私有命名空间以便简化逻辑。应该尽量把库类变成合格的对象。

有时很容易给一个方法找到更好的去处。例如 Collections 这个库类有一个 sort(List)方法，这样一个具体明了的参数本身就是一条线索：这个方法可能本该属于 List 类。

把库类转变成对象有一种渐进式的做法：先把静态方法转变成实例方法，并且由静态方法委派给实例方法，以维持接口不变。例如在下面这个名为 Library 的类中，我们把：

```
public static void method(...params...) {
  ...some logic...
}
```

变成：

```
public static void method(...params...) {
  new Library().instanceMethod(...params...);
}
private void instanceMethod(...params...) {
  ...some logic...
}
```

然后，如果几个方法有类似的参数列表，就可以把这些参数变成构造子的参数（如果几个方法的参数完全不同，说明它们可能应该属于不同的类）：

```
public static void method(...params...) {
  new Library(...params...).instanceMethod();
}
private void instanceMethod() {
  ...some logic...
}
```

接下来把对象创建的环节放到使用者一端去完成，从而改变类的接口，最后删除原来的静态方法。

```
public void instanceMethod(...params...) {
  ...some logic...
}
```

在这个重构的过程中，你很可能会给类和方法想出更好的名字，让使用者代码看起来更清晰。

## 5.19 小结

我们借助类把相关的状态包装在一起。在下一章里，将介绍更多的模式，这些模式主要用于描述关于状态的决策。

# 第6章

# 状态

本章所介绍的模式用于告诉代码的阅读者，你是如何使用状态的。对象方便地包装了行为（behavior）和状态（state）：前者被暴露给外部世界，后者则为前者提供支持。对象的好处之一便是将程序中所有的状态分割成小块，每一块都有属于自己的计算环境。如果一个库有大量的状态，而且这些状态又被不加小心地引用，会使得未来对代码的修改困难重重，因为你将很难预测修改代码会给系统状态带来怎样的影响。有了对象的帮助，就可以比较容易地分析出一次修改会影响哪些状态，因为可引用状态的命名空间已经大大缩小了。

本章包含下列模式：

- 状态（State）——使用可变的值进行计算；
- 访问（Access）——限制对状态的访问，从而保持灵活性；
- 直接访问（Direct Access）——直接访问对象的内部状态；
- 间接访问（Indirect Access）——通过方法来访问状态，从而提高灵活性；
- 通用状态（Common State）——把状态保存在字段中，使得该类的所有对象都拥有这些状态；
- 可变状态（Variable State）——如果各个实例拥有不同的状态，那么将这些状态放入一个 map，并将 map 保存在实例变量中；
- 外生状态（Extrinsic State）——某些特殊用途的状态可以放入一个 map，并由状态的使用者负责保存；

- 变量（Variable）——变量提供了访问状态的命名空间；
- 局部变量（Local Variable）——具备变量保存的状态只在单一作用域有效；
- 字段（Field）——字段保存的状态在对象的整个生命周期有效；
- 参数（Parameter）——参数在一个方法被调用之初描述当时的状态；
- 收集参数（Collecting Parameter）——传入一个参数，用于收集来自多个方法的复杂结果；
- 参数对象（Parameter Object）——把常用的长参数列表打包成一个对象；
- 常量（Constant）——不变的状态应该保存为常量；
- 按角色命名（Role-Suggesting Name）——根据变量在计算中扮演的角色为它们命名；
- 声明时的类型（Declared Type）——为变量声明一个尽可能通用的类型；
- 初始化（Initialization）——尽可能以声明性的方式对变量进行初始化；
- 及早初始化（Eager Initialization）——在创建实例的同时初始化字段；
- 延迟初始化（Lazy Initialization）——如果字段的求值动作开销高昂，可以考虑在第一次使用之前才初始化。

## 6.1 状态

世界是延续的。假如一分钟前太阳还高悬半空，那么你可以确定它现在仍然在天上，不过稍微移动了一点。如果精心计算，还能根据当前的观察来预测它将来某一时间的位置，因为地球的自转规律是已知的。

把世界看作许多不断变化的事物的总和，这种思路早已被人们证明行之有效。从前居住在我家乡的美洲土著人会在春天里观察麦克劳林山，当雪融化到一定程度，在余雪中能看见飞鹰的身影时，他们就到落鸠河去捕捉春季洄游的大马哈鱼。山上雪融的状态指出了远处水中美味的出现。

当我们这个行业的先驱为“计算机编程”寻找适当的隐喻时，他们找到了“状态变迁”。人类的大脑有各种——先天内建的和后天习来的——机制来处理状态。

但状态也给程序员带来了麻烦。每次猜测一个状态都会给代码带来风险：你可能猜错，状态也可能改变。如果没有状态的存在，很多人梦寐以求的编程工具——例如自动重构工具——构造起来会容易得多。而且并发和状态相处并不和谐，如果没有状态，并行程序设计也不会如此困难。

函数式编程语言根本不允许改变状态，不过这些语言没有一个流行的。我认为状态是一个有用的隐喻，因为我们大脑的结构和条件就适合处理不断变化的状态。如果变量只能赋值一次，甚至根本不能使用变量，我们就会失去很多有效的思维策略，所以这不是一种吸引人的编程方式。

对象语言也采用了处理状态的策略。这些语言把系统的状态细分到各个小块中，每个小块对其他小块的访问都受到严格限制，从而有可能避免状态“在背后偷偷改变”的问题，毕竟跟踪一小块字节比洞悉亿兆字节要容易得多。“猜错状态”的可能性仍然存在，但对象使你有可能快速而精准地查看所有访问某一变量的地方。

有效管理状态的关键在于：把相似的状态放在一起，确保不同的状态彼此分离。有两条线索指出两个状态的相似性：它们在同一个计算中被用到；它们出现和消亡的时间相同。如果两个状态总是被同时使用，而且有同样的生命周期，它们就应该被放在一起。

## 6.2 访问

编程语言中的二分法之一，就是对“访问存储值”和“执行计算”的区分。实际上两个概念是可以互通的：访问内存状态相当于调用一个函数，后者返回当前存储的值；调用函数相当于读取一个内存位置，并对其中的内容进行计算（而不是简单地返回）。但不管怎么说，我们的编程语言确实对两者做了区分，因此我们需要清晰地表述它们的差异。

存储什么？计算什么？这个问题会影响程序的可读性、灵活性和性能，有时这些目标会彼此冲突，甚至与你的编程喜好冲突。有时环境会发生变化，于是昨天看来合理的“存储-计算”划分现在就不再合理了。作出当下可用的决策，保持在将来改变主意的灵活性，这是做好软件开发的关键。正是考虑到将来可能需要改变，才使得清晰描述你的“存储-计算”决策如此重要。

对象的功能之一是管理存储空间。每个对象看起来都是一个独立的计算环境、拥有自己的一块内存空间，一定程度上与其他的计算环境相隔离。现在的编程语言（包括 Java）都提供了公有（public）字段的概念，从而模糊了对象之间的边界。不过，跨对象访问的便利性并不足以弥补失去对象独立性的损失。

## 6.3 直接访问

要表达“我在读取数据”或者“我在存储数据”，最简单的方式就是直接访问变量：

```
x= 10;
```

这种做法的好处在于表述清晰：看到x=10;这行代码，我就明白无误地知道究竟发生了什么。但清晰的代价是损失了灵活性：如果明确地对变量赋值，就没有任何转圜的余地；如果在多个地方对同一个变量赋值，那么在需要作出改变时就可能必须修改这些地方。

直接访问的另一个缺点是：这种操作属于实现细节，其层面低于编程时通常的思考层面。比如说，把某个变量设为 1 的效果可能是打开车库的大门，但这种反映实现细节的代码无法有效地讲述我真正的意图。请看这句代码：

```
doorRegister= 1;
```

将其与下面这句比较：

```
openDoor();
```

或者与对象的表达法比较：

```
door.open();
```

编程时通常的思考层面与存储无关。如果程序中到处都是直接访问变量的代码，就会给沟通造成障碍。在真正考虑“存储什么、存储在哪里”的地方，我会用直接访问的方式来表达我的思路。不同的程序员有不同的方式来思考存储策略，所以很难规定哪些地方应该使用直接访问。不过人们还是找出了一些规律：只在访问器方法（也许还可以加上构造器）中使用直接存储；只在类及其子类（也许还可以扩大到类所在的包）的内部使用直接存储。这些都不是绝对的规则，程序员需要不断思考、交流和学习。毕竟，这是成为专业程序员的必经之路。

## 6.4 间接访问

可以用方法调用来隐藏对状态的访问和修改。这些访问器方法能带来更好的灵活性，但同时也付出了降低清晰直观程度的代价。用访问器来封装状态之后，使用者就无法获知某个值是否直接被存储，因此你也就可以改变存储方式，而不会对使用者代码造成影响。

对于“如何访问状态”，我的默认策略是，允许在类（及其内部类）中直接访问，其他的使用者必须间接访问。这种策略的好处在于，大多数的访问都可以清晰地表达为直接访问。请注意，如果对一个对象的某个状态的大部分访问都来自该对象之外，这就说明还有设计问题隐藏在更深的地方。

另一种策略是完全禁止直接访问，只允许间接访问。我发现这会导致描述不清晰。大部分 getter/setter 方法都是平铺直叙的，如果所有地方都必须通过它们来访问状态，就会导致真正有用的代码难以读懂。访问器方法也很容易诱人误用，很多人最后只是不假思索地实现功能、然后通过访问器来访问自己需要的所有状态，而不是认真思考应该把计算逻辑放在什么地方。

当两项数据彼此耦合时，无疑应该使用间接访问。有时这种耦合非常直观，例如更新一个字段的同时修改另一个字段：

```
Rectangle void setWidth(int width) {
  this.width= width;
  area= width * height;
}
```

有时耦合不那么直观，例如通过监听器来耦合：

```
Widget void setBorder(int width) {
  this.width= width;
  notifyListeners();
}
```

这样的耦合并不漂亮（很容易忘记维护暗含的约束），但也许这就是最好的选择。在这种情况下，间接访问就是最好的选择。

## 6.5 通用状态

很多计算逻辑会涉及同样的数据项，尽管其中的值可能不同。如果发现这样的一组计算逻辑，为了表达意图，应该把它们共同的数据项声明为一个类中的字段。比如说，任何关于笛卡尔坐标系的计算都会涉及点的横坐标和纵坐标。既然所有的笛卡尔点都有这两个值，把它们描述为两个字段就再清晰不过了：

```
class Point {
  int x;
  int y;
}
```

另一种可选的方案是可变状态：同一个类的对象可能有不同的数据项。相比之下，通用状态的好处是代码更清晰易读。不管通过字段本身还是通过构造函数，阅读者都能一目了然地看出需要哪些数据来构造一个完备的对象。代码的阅读者会希望知道需要哪些数据才能成功地调用一个对象的功能，而通用状态能够清晰无误地表述这方面的要求。

一个对象中所有的通用状态应该具有同样的作用域和生命周期。有时我被诱惑着引入一个这样的字段：它只被对象中的一小部分方法使用，或者只在某个方法被调用的过程中有效。每当遇到这种情况，我总能找到一个更好的地方来保存这部分数据（可能是一个参数或者一个辅助对象），从而改善代码质量。

## 6.6 可变状态

有时取决于不同的使用方式，同一个对象需要不同的数据元素——不仅是数据值改变，就连对象中的数据元素也全然不同，尽管这些对象都来自同一个类。

可变状态通常用 map 来保存，其中的键（key）是数据元素的名字（表现为字符串或者枚举类型），值（value）则是数据值。

```
class FlexibleObject {
  Map<String, Object>properties= new HashMap<String,Object>();
  Object getProperty(String key) {
    return properties.get(key);
  }
  void setProperty(String key, Object value) {
    properties.set(key, value);
  }
}
```

可变状态比通用状态要灵活得多。它最大的问题是表意不清晰：对于一个只有可变状态的对象，需要哪些数据项才能让它正常工作？只有仔细阅读代码，甚至观察程序执行之后，才能回答这个问题。

我曾经亲眼见过滥用可变状态的代码：某个类的所有对象在属性 map 中存放了完全相同的一组键。如果同样的信息以字段声明的方式来描述，我读起来会容易得多。

如果遇到一个字段的状态决定了同一个对象中是否需要其他字段，这种情况下就应当使用可变状态。举例来说，如果 Widget 类的 bordered 标志被设为 true，那么就可以使用 borderWidth 和 borderColor 的值。这种情况可以用可变状态来描述，如图 6.1 上图所示的设计。

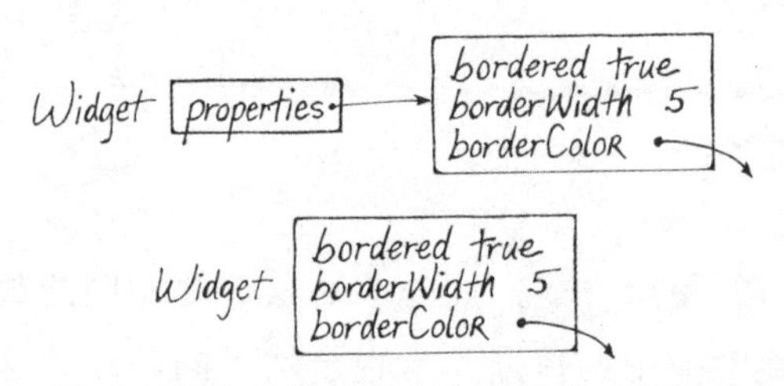


图 6.1　用可变状态和通用状态分别描述“有框的窗体”

通用状态也能表述这种情况（如图 6.1 下图所示），但这违反了“对象中实例变量生命周期相同”的原则。借助多态可以更清晰地表述这种情况：一个类（Unbordered）代表“无边框”的状态，另一个类（Bordered）代表“有边框”的状态，后者以通用状态的形式描述与边框相关的信息（见图 6.2）。

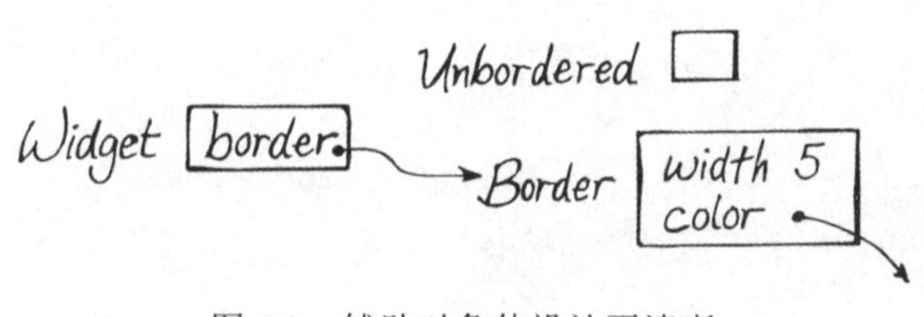


图 6.2　辅助对象使设计更清晰

如果几个变量有同样的前缀，这可能就意味着应该引入某种辅助对象。

要尽量使用通用状态。只有当是否需要某些字段视使用方式而定时，才考虑使用可变状态。

## 6.7 外生状态

有时程序中的某一部分需要与某个对象相关的状态，但系统其他部分并不需要。比如，关于“对象保存在磁盘的什么位置”的信息对于持久化子模块有用，但其他代码对此毫不关心。把这些信息放在对象的字段中会违反对称原则，因为其他字段是对于整个系统都有用的。

对于特殊用途的信息，应该保存在使用该信息的地方，而不是保存在对象内部。在前面的例子中，应该由持久化子模块负责维护 IdentityMap，其中的键是被存储的对象，值是“将对象保存在哪里”的信息。

外生状态的缺点之一是对象复制会变得困难。如果对象具有外生状态，复制它就不仅仅是“复制所有字段”那么简单，还必须确保所有外生状态都被正确地复制，对于不同用途的外生状态，可能需要做不同的处理。另一个缺点是有外生状态的对象难以调试，普通的状态检视工具无法列出与对象相关的外生状态。由于这些难题，外生状态并不常见，但在真正需要时还是很有用的。

## 6.8 变量

在 Java 中，对象是通过变量来引用的。代码的阅读者需要知道变量的作用域、生命周期、角色和运行时类型。人们发明了种种详尽的变量命名规则来传达所有这些信息，不过代码中的命名还是以简单为好。

变量按照其作用域——在什么范围内能够引用变量——分为以下 3 种类型：

- 局部变量，只能在当前作用域中使用；
- 字段，可以在对象内的任何地方访问；
- 静态变量，该类的所有对象都可以访问。

字段的作用域又可以用不同的修饰符来加以限制，可选的修饰符有 public、package（默认修饰符。一个奇怪的默认值，因为这实际上是最不常用的一种修饰符）、protected 和 private。

如果随意地使用各种作用域组合方式，那么就需要在变量名中描述作用域信息，这样阅读者才能在引用变量时看出区别。不过为了减少耦合，大多数时候都应该使用局部变量和 private 字段（偶尔使用静态字段）。如果只使用这么少的一些组合方式，阅读者单凭上下文就能分清自己看到的是局部变量还是字段：如果在当前作用域中能看到变量的声明，那么这就是一个局部变量；反之就是字段。这样一来，变量名就无需包含作用域信息，于是你的代码中就只有一套统一的、简短易读的变量命名规则。当然，这一切的前提是你能把代码拆分成小块，其他实现模式（特别是组合方法）能帮你做到这一点。

变量的生命周期可能比作用域要小：一个字段可能只有当某个方法被调用时才有效。但这是一种丑陋的风格，应该尽量保证变量的生命周期与作用域一致，此外还应该尽量保证兄弟变量（在同一作用域中定义的变量）有相同的生命周期。

变量的类型由类型声明来描述就足够了，为此应该确保声明时的类型尽量清晰地描述变量的用途（参见 6.18 节）。此外，用于容纳多个值的变量（例如一个集合）的名字应该是复数形式的。对于阅读者来说，一个变量包含一个值还是多个值是非常重要的信息。

如果作用域、生命周期和类型都能用别的方式充分描述，名称本身就可以只用于描述变量在计算逻辑中扮演的角色。把需要承载的信息减到最少，就可以选择简洁易读的名称了。

## 6.9 局部变量

局部变量允许访问的范围是从声明点起，至所处的作用域结束处为止。遵照“信息最小扩散”原则，应该在尽可能靠内的作用域以及在确实需要时才声明局部变量。

局部变量常扮演的角色有以下几种。

- 收集器（Collector）：用变量来收集稍后需要的信息。收集器的内容经常会作为返回值传出。如果需要将收集器返回，就将它命名为 result 或者 results。
- 计数（Count）：这是一种特殊的收集器，专门用于记录某些其他对象的个数。
- 解释（Explaining）：如果有一个复杂的表达式，可以把表达式的一部分结果赋值给一个局部变量，从而帮助阅读者理解整个复杂的运算：

```
int top= ...;
int left= ...
int height= ...;
int bottom= ...;
return new Rectangle(top, left, height, width);
```

从计算的角度来说，解释型局部变量并没有存在的必要，但它们可以帮助人们理解繁杂的运算逻辑。

解释型局部变量往往可以再向前走一步，变成辅助方法，表达式变成方法体，局部变量的名字则是给方法命名的线索。有时引入这样的辅助方法只为简化主方法，有时它们还可以消除类似的表达式中的重复代码。

- 复用（Reuse）：如果一个表达式的值会不断变化，而你又需要多次使用同一个值，就应该将这个值保存在局部变量中。比如，假设需要给几个对象打上同样的时间戳，就不能针对每个对象去取一次时间：

```
for (Clock each: getClocks())
    each.setTime(System.currentTimeMillis());
```

应该用一个局部变量把时间“冻结”起来，然后反复使用这个变量：

```
long now= System.currentTimeMillis();
for (Clock each: getClocks())
    each.setTime(now);
```

- 元素（Element）：局部变量最后一种常见的用途是在迭代遍历集合时指代其中的元素。正如前面的例子，each 是一个简单明了的元素局部变量名。如果阅读者还想知道“each 什么”，可以从前面的 for 语句中找到答案。

  对于嵌套的循环，可以把集合的名字加在元素局部变量名之后，以便区分各个元素局部变量：

```
broadcast() {
   for (Source eachSender: getSenders())
      for (Destination eachReceiver: getReceivers())
         ...;
}
```

## 6.10 字段

字段的作用域和生命周期与其所属的对象相同。由于字段是提供给整个对象使用的，所以应该把它们放在一起，在类的最前面或者最后面声明。如果声明在最前面,阅读者在看其他代码之前就能对上下文有一个大致的了解。而如果放在最后面声明，则传达出这样的信息：行为是王，数据只是实现细节。尽管我从理论上赞同“逻辑重于数据”的说法，但我还是愿意在阅读代码时首先看到数据的声明。

还可以选择把字段声明为 final，以此告诉阅读者：构造函数执行完之后就不能再改变该字段的值。个人而言，我会在心里跟踪哪些字段是 final 的、哪些不是，但我并不喜欢明确声明出来，因为在我看来这点额外的清晰度根本比不上它带来的复杂度。但如果我编写的代码会在今后很长的时间里被很多人修改，那么就值得用 final 修饰符来明确区分可变与不可变的字段。

下面列出了字段扮演的一些角色。这个列表不像前面局部变量的列表那么全面，只是列出了字段常扮演的几种角色。

- 助手（Helper）：助手字段用于存放其他对象的引用，该对象会被当前对象的很多方法用到。如果有一个对象以参数的方式传递给很多个方法，就可以考虑改为通过助手字段（而不是参数）获得所需的对象，并在构造函数中给助手字段赋值。
- 标记（Flag）：boolean 型的标记表示“这个对象可能有两种不同的行为方式”。如果这个标记再有 setter 方法，那就表示“……而且行为可能在对象生命周期中发生改变”。如果只是用来表示不多的几种条件，标志字段并没有什么问题。如果根据某个标记作出判断的逻辑出现了重复，则应该考虑改为使用策略字段。
- 策略（Strategy）：如果想要表达“这部分计算有几种不同的方式来进行”，就应该把一个“只执行这部分可变的计算”的对象保存在一个字段中。如果计算方式在对象生命周期中不发生变化，就在构造函数中给策略字段赋值，否则就提供一个方法来改变策略字段的值。
- 状态（State）：状态字段和策略字段有相似之处，它们所在的对象都会把一部分行为委派给它们。但状态字段在被触发时会自己设置相关的状态，而策略字段即便会发生改变，这改变也是由其他对象来进行的。用状态字段实现的状态机会很难理解，因为状态和变迁不在同一个地方描述。不过如果状态机足够简单，那么用状态字段来实现也就够了。

- 组件（Component）：这样的字段用来保存由所在对象“拥有”的对象或者数据。

## 6.11　参数

除了非私有的变量（字段或者静态字段）之外，要把状态从一个对象传递到另一个对象就只能通过参数了。由于非私有变量会在类与类之间造成强耦合，而且这种耦合会与日俱增，所以只要可能，就应该尽量使用参数来传递状态。

比起从一个对象永久地引用另一个对象，参数带来的耦合要弱得多。比如，在树型结构中进行的计算有时需要用到节点的父节点。此时不应该让节点直接引用自己的父节点（如图 6.3 所示），而是应该以参数的形式把后者传递给需要它的方法，从而弱化节点之间的耦合。举例来说，如果没有指向父节点的永久引用，就可以让一棵子树同时属于几棵树。

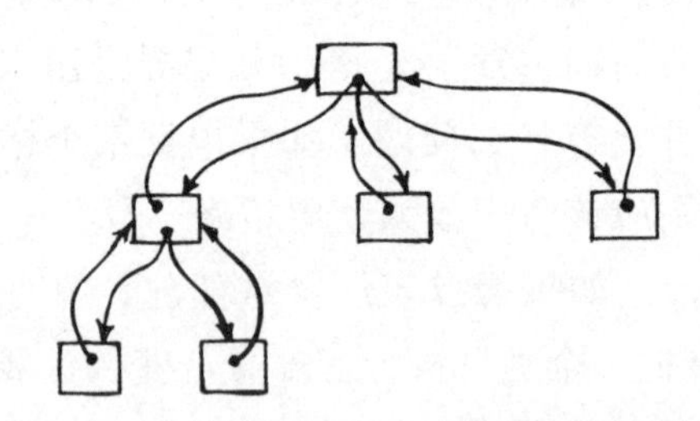

图 6.3　指向父节点的指针造就了耦合严重的树型结构

如果一个对象给另一个对象发送的很多消息都需要同一个参数，那么也许更好的办法是把这个参数永久地交给被调的对象。参数是将对象联系起来的细线，但足够多的细线也能把一个对象束缚起来动弹不得，就像小人国的人们对付格列佛那样。

图 6.4 展示了“传递一个参数”的情景。

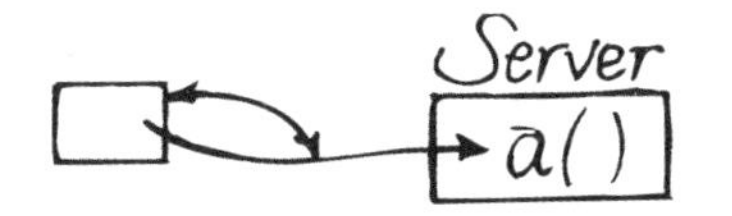


图 6.4 一个参数引入的耦合微乎其微

对应的代码如下：

```
Server s= new Server();
s.a(this);
```

同一个参数重复 5 次，耦合就比较严重了（见图 6.5）。

```
Server s=new Server();
s.a(this);
s.b(this);
s.c(this);
s.d(this);
s.e(this);
```

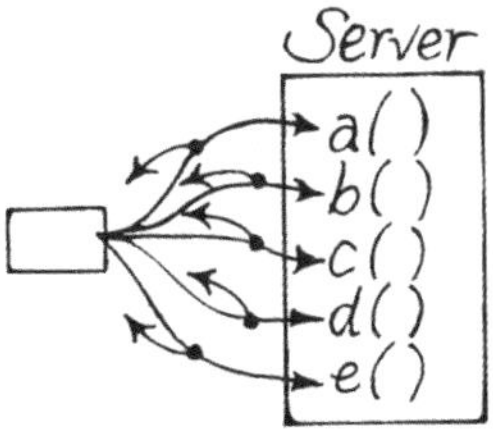

Server
a()
b()
c()
d()
e()

图 6.5 重复的参数增加了耦合

此时如果把参数改为一个永久引用的指针，两个对象就能更加独立地工作（见图 6.6）。

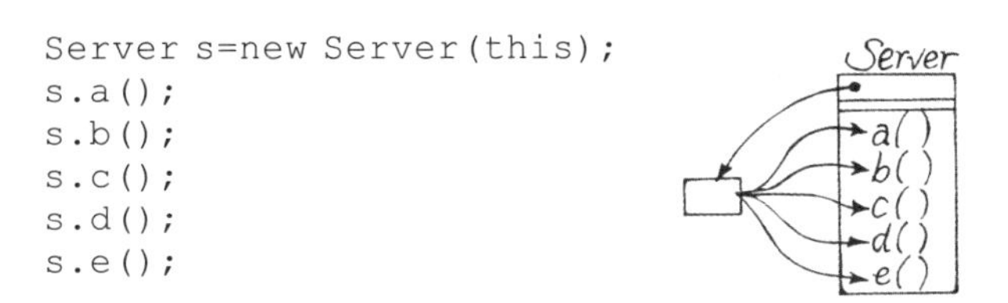


图 6.6 引用降低了耦合

## 6.12 收集参数

有时计算逻辑需要从多次方法调用中收集结果，并将这些结果以某种方式合并起来。我们可以让每个方法都返回一个值，如果返回值很简单（例如就是一个整数），那么这种办法就是可行的。

```
Node
int size() {
  int result= 1;
  for (Node each: getChildren())
    result+= each.size();
    return result;
}
```

但如果“合并结果”不止是“把结果相加”那么简单，传入一个参数来收集结果就显得更直观了。比如说，在进行树的展平（linearize）操作时，收集参数就会派上用场：

```
Node
asList() {
  List results= new ArrayList();
  addTo(results);
  return results;
}
addTo(List elements) {
  elements.add(getValue());
  for (Node each: getChildren())
    each.addTo(elements);
}
```

还有更复杂的收集参数的例子，例如 GraphicContext 在一棵 widget 组成的树上到处传递，或者 JUnit 中把 TestResult 在测试组成的树上到处传递。

## 6.13 可选参数

有些方法既可以接受某个参数，也可以当使用者不提供该参数时提供一个默认值。在这种情况下，必需的参数应该放在参数列表的前面，随后加上可选的参数。这样就使得尽可能多的参数保持一致，可选参数只在最后才出现。

ServerSocket 的构造函数就采用了可选参数，基本的构造函数不接受任何参数，但同时还有另一个版本的构造函数，它接受“端口号”作为参数，第三个版本则接受“端口号”和“backlog 长度”两个参数：

```
public ServerSocket()
public ServerSocket(int port)
public ServerSocket(int port, int backlog)
```

拥有关键字型参数（keyword parameter）特性的语言能更直观地表达可选参数。既然 Java 只支持位置型参数（positional parameter），参数是否可选就只能以约定俗成来表达了。也有人把这种做法称为“套筒型参数列表”模式，从这个名字就可以想象参数列表是如何一步步伸长的。

## 6.14 变长参数

有些方法可以接受任意多个指定类型的参数。要实现这一功能，最简单的办法莫过于传入一个集合作为参数，但这个扮演中介角色的集合却会给方法的调用者带来困扰：

```
Collection<String> keys= new ArrayList<String>();
keys.add(key1);
keys.add(key2);
object.index(keys);
```

这种问题太过普遍，为此 Java 语言终于提供了一种机制，允许传入可变数量的参数。只要把方法声明为 method(Class... classes)这样的形式，使用者就可以传入任意数量的参数：

```
object.index(key1, key2);
```

变长参数必须位于参数列表的最后。如果一个方法既有变长参数，又有前面介绍的可选参数，那么可选参数也必须放在变长参数的前面。

## 6.15 参数对象

如果同一组参数被放在一起传递给了很多个方法，就应该考虑创建一个对象，把这些参数放入该对象的字段，然后传递这个对象。用参数对象取代长参数列表之后，再寻找是否有“只使用参数对象中的字段”的代码存在，把这些代码变成参数对象中的方法。

例如 Java 图形库中经常用独立的 x、y、width 和 height 参数来描述矩形，有时这 4 个参数会在几层方法调用中一起传递，导致代码在不必要的情况下变得冗长难读。

```
setOuterBounds(x, y, width, height);
setInnerBounds(x + 2, y + 2, width - 4, height - 4);
```

如果用一个对象来表示矩形，能更好地解释代码的意图：

```
setOuterBounds(bounds);
setInnerBounds(bounds.expand(-2));
```

参数对象的引入让代码变得更短、意图更清晰，而且给矩形的缩放操作提供了一个更合适的去处，否则就要在所有需要缩放操作的地方重复这些逻辑（然后程序员就会经常忘记长和宽的改变值应该是缩放增量的两倍，从而编写出错误的代码）。很多功能强大的对象都是从参数对象开始逐渐成长起来的。

尽管引入参数对象的主要目的是提高可读性，但参数对象也可以成为逻辑的重要去处。同一组数据在几个参数列表中出现，这本身就明白无疑地说明它们之间有着不浅的关系。而用一个类把多个字段包装起来，正是明确地说出“这一组数据是强相关的”。

对于参数对象，最常见的反对意见就是性能，创建参数对象会耗费时间。但实际上，大多数时候这根本就不成问题。而且如果对象创建真的成了瓶颈，也可以将参数对象内联，甚至在必要时把它们重新变回参数列表。可读的、结构良好的、测试完备的代码是最容易优化的，参数对象则可以从这些方面提高代码的质量。

## 6.16 常量

有时程序中几个地方会需要同样的数据，但这些数据不会改变。如果在编译期就已经知道这些数据的值，就应该把它们保存在以 static final 修饰的变量中，程序的其他地方引用这些变量——实际上是常量。常量的名字通常全部大写，以强调它们不是普通的变量。

使用常量的重要性在于，它可以帮你避免整整一大类的错误。如果把数字 5 写在代码里，稍后又要把 5 改成 6，就很容易漏掉某个地方。如果这个数字 5 暗含两种不同的意思，比如“绘制边框”和“下面收到的是应答包”，那么改变常量就更容易出错。但使用常量最重要的理由在于，可以用常量的名字来表达这个值所代表的意思。对于阅读者来说，Color.WHITE 比 0xFFFFFF 要容易理解得多。即便颜色的编码发生改变，使用这些常量的代码也不需要改变。

常量的一种常见用法是在接口中表达不同的消息。比如，要让文本居中，可以调用 setJustification(Justification.CENTERED)。这种 API 的好处在于，只要增加新的常量就可以应对新的变化情况，而不会破坏现有的实现。但表达的清晰程度就不如用单独的方法来表示各种变化情况了，如果用这种风格，前面这条消息就应该写成 justifyCentered()。如果一个方法在调用时必须传入常量作为参数，总可以针对每个常量值单独建立一个方法，从而更好地表达你的意图。

## 6.17 按角色命名

在决定变量名称这个问题上，有很多约束条件彼此冲突。比如，我希望尽可能完整地表述意图，于是需要更长的名字，但我又希望名字简短，以便简化代码格式。一般而言，名字被读到的次数比写出的次数要多得多，所以在起命名时应该更重视可读性，而不是输入的便利。变量名应该体现变量中的数据会如何被使用，以及这些数据在计算逻辑中扮演什么角色。

我需要几方面的信息来理解一个变量：它在计算中的用途是什么？它所引用的对象会被如何使用？它的作用域和生命周期如何？它被引用的范围有多大？

很多命名法把类型信息也包含在名字中，但我并不推荐这样做，既然要把变量的类型告诉编译器，那么再把同样的信息放在变量名里又有什么意义呢？在对类型错误预防较少的语言（例如 C）中，把类型信息包含在变量名里还有些意义，但 Java 对于避免类型错误提供的支持已经足够了。

如果想要知道变量的类型，IDE 能给我快速的反馈。另一方面，如果所有方法都保持简洁，就能毫不费事地找到常用的成员变量、局部变量和参数。

阅读者还需要知道变量的作用域。有些命名法把作用域作为名字的前缀，比如 fCount 是一个字段，lCount 是一个局部变量。同样，只要保持方法简洁，就很少会把变量的作用域弄错：在一个方法中工作时，只要一眼看不见变量的声明，它就很可能是一个字段（当然我还有别的办法来尽量避免使用静态字段）。

于是在变量名中要表达的最主要的信息就是变量的角色，这也让我们能够清晰简洁地命名。如果命名时遇到困难，通常是因为我还没有充分理解当时的计算逻辑。

我的代码中经常出现下列变量名：

- result——保存将被当前函数返回的对象；
- each——在对集合进行遍历操作时，保存集合中的各个元素（不过我已经逐渐变得喜欢用集合名字的单数形式，比如 for(Node child: getChildren())）；
- count——保存计数器。

如果几个变量可以有相同的名字，我就给它们加上修饰：eachX 和 eachY，或是 rowCount 和 columnCount。

有时我会忍不住诱惑，在变量名中使用缩写词。这确实让输入更快，但付出了降低可读性的代价。由于变量被阅读的次数远多于被书写的次数，这样做并不划算。有时我会忍不住诱惑，用多个词组成一个变量名，使变量名太长而不便输入。这时我就会四下观察：为什么我需要这么多词才能把这个变量的角色与其他变量的角色区分开？这经常会引导我简化设计，从而问心无愧地写下一个简短的变量名。

总而言之，我用变量名来描述它扮演的角色。其他关于这个变量的重要信息——生命周期、作用域和类型——通常从上下文中就可以找到。

## 6.18 声明时的类型

Java（以及其他悲观类型语言）的一大特点是：必须声明变量的类型。既然要声明类型，不妨把声明时的类型也看作一次交流的机会。用声明时的类型来描述“如何使用这个变量”，而不管它引用的对象到底是如何实现的。

举个例子，List<Person> members= new ArrayList<Person>()告诉我：members 可以当作 List 来使用，我应该可以调用 get()和 set()之类的方法，因为 List 与 Collection 的区别就在于可以按位置索引来访问其中的元素。

一开始撰写这个模式时，我写得很教条。我也试过更僵硬的规则：所有变量都应该尽可能声明得宽泛，但随后就发现把所有类型都泛化的努力并不值得。举例来说，一个变量可能声明为 List 类型，而一个方法可能只用到 Collection 的相关操作。如果我把这个方法的参数类型声明为 Collection，然后把这个 List 类型的变量传递给它，阅读者会因为声明的不一致而迷惑。相比之下，我宁可把所有用到这个变量的地方都声明为 List 类型，为此损失一点描述的精确性其实并不是什么大问题。所以现在我更愿意把话说得宽松些：如果可能，把变量和方法的类型声明得宽泛一些会有好处，但降低一点宽泛程度、损失一点精确性来换取一致性，也是合理的权衡。

宽泛的类型声明有一个最大的好处：以后可以改变变量的具体类型。比如，我把一个变量声明为 ArrayList，以后就不能改用 HashSet 了；而如果一开始声明为 Collection，就可以做这样的修改。一般而言，决策做得越细、传播得越广，将来改变的灵活性就越小。为了保持灵活性，就应该只让尽量少的信息在尽量窄的范围内传播。显然“members 变量指向一个 ArrayList 实例”包含的信息就比“members 变量指向一个 Collection 实例”要多。

着眼于意图的交流有助于保持灵活性，声明时的类型就是这样的例子。如果我说“某变量指向一个 Collection 实例”，这是相当精确的表述。良好的交流同时也会提高灵活性。

## 6.19 初始化

在开始编程之前，首先要知道自己手上有些什么。准确的推断能帮你聚焦到真正需要了解的东西，例如推断出变量的状态就会很有帮助。所谓初始化，就是在使用变量之前把它们设置到某个已知状态的过程。

变量的初始化有几个问题值得讨论。一方面，我们希望尽量在声明的同时初始化。如果初始化和声明放在一起，那么与这个变量相关的问题都能从这个地方找到答案。另一方面，性能总是需要考虑的。那些初始化成本很高的变量很可能需要在声明之后的某个时候才初始化。比如，Eclipse 总是到尽可能晚的时候才加载它需要的类，以确保能够快速启动。下面列出了两种初始化模式：及早初始化和延迟初始化。

## 6.20 及早初始化

第一种初始化风格是：一旦变量出现——变量声明时，或者变量所指的对象创建时——就立即初始化。及早初始化的好处在于，可以保证变量在使用之前一定是被初始化过的。

尽量在声明变量的同时就初始化，这也可以让阅读者同时看到声明的类型和实际的类型。

```
class Library {
  List<Person> members= new ArrayList<Person>();
  ...
}
```

如果字段不能在声明的同时初始化，就在构造函数中初始化：

```
class Point {
  int x, y;
  Point(int x, int y) {
    this.x= x;
    this.y= y;
  }
}
```

为了美观起见，最好是在同一个地方初始化对象中所有的字段，不管在声明同时还是在构造函数中。不过即便混用两种风格似乎也不会造成任何困扰，只要对象不是太大。

## 6.21 延迟初始化

及早初始化很好用，只要你不介意在变量出现时就花点功夫算出它的值。如果这次计算的成本很高，而且你又希望推迟支付这些成本（可能因为这些变量或许根本就不会被用到），那么就创建一个 getter 方法，在第一次调用该方法时初始化字段。

```
Library.Collection<Person> getMembers() {
  if (members == null)
    members= new ArrayList<Person>();
  return members;
}
```

以前延迟初始化曾经相当常用，因为那时计算能力还经常受限。如果计算能力是一种有限的资源，那么延迟初始化就很重要。例如 Eclipse，尽管资源受限，但还必须快速启动，所以它使用了延迟初始化，在真正用到的时候才装载插件。

相比及早初始化的字段，延迟初始化的字段更难理解，阅读者至少要看两个地方才能知道字段的实际类型。在编程时，你其实是在代码里给未来的阅读者留下信息。不过，常见的问题就那么多，掌握几种常用的技巧就足以回答大部分的问题。在这里，延迟初始化给阅读者传递的信息是：此处性能很要紧。

## 6.22 小结

本章所介绍的状态模式用于向阅读者阐述你如何呈现程序中的状态。下一章我们将看到硬币的另一面：向阅读者阐述流程的控制。

# 第7章

# 行为

冯·诺依曼贡献了关于计算的一个重要隐喻：一系列依次执行的指令。这一隐喻贯穿了大多数编程语言，Java语言也包括在内。本章的主题是如何表达程序的行为，所涉及的模式有以下几种：

- 控制流（Control Flow）——将运算表达成一系列的步骤；
- 主体流（Main Flow）——明确表达控制流的主体；
- 消息（Message）——通过发送消息来表达控制流；
- 选择性消息（Choosing Message）——通过变动一条消息的实现者来表达选项；
- 双重分发（Double Dispatch）——通过在两条轴线上变动消息的实现者来表达级联的选项；
- 分解性消息（Decomposing Message）——将复杂的计算分解成具有内聚性的块；
- 反置性消息（Reversing Message）——通过向同一个接收者发送消息序列，令多个控制流形成对称；
- 邀请性消息（Inviting Message）——通过发送可以用不同方式实现的消息，邀请未来的实现变体；
- 解释性消息(Explaining Message)——发送消息去解释一段逻辑的意图；
- 异常流（Exceptional Flow）——尽可能清晰地表达非寻常的控制流，而不干扰对主体流的表达；
- 卫述句（Guard Clause）——用尽早返回来表达局部的异常流；

- 异常（Exception）——用异常来表达非局部的异常流；
- 已检查异常（Checked Exception）——通过明确声明来保证异常被捕获；
- 异常传播（Exception Propagation）——传播异常，根据需要转换异常，以便使其包含的信息合乎捕捉者的要求。

## 7.1　控制流

究竟程序里为什么要有控制流？像Prolog这样的语言就没有明确的控制流的观念。逻辑的片断就漂浮在一锅汤里，等着正确的条件去激活它。

Java属于一个控制序列被视为基本组织原则的语言家族。在这类语言中，相邻的语句依次执行。条件子句让代码只在特定的情形下才会执行。循环会重复地执行代码。消息被发送去激活一段子程序。异常让控制权从调用栈中跳出。

以上这些机制为运算的表达提供了一个丰富的媒介。作为程序员，你要决定如何去表达心目中的这个流，是表达成一个含有例外情况的主体流，还是表达成多个同样重要的流，又或者两者之混合。将控制流的小片断归类，让不想深究的阅读者先得到一个抽象的理解，同时又为需要深入领会的阅读者提供更详尽的细节。归类的方式可以是把一组例程放在一个类中，也可以将控制委托给另一个对象。

## 7.2　主体流

程序员通常心里都会想象一个程序控制流的主干。处理过程从这里开始，到那里结束，一路上会有一些决策和异常，但整个运算还是有路可循的。要用你的编程语言清晰地表达这个流。

有些程序，特别是那些设计成在恶劣环境下也要可靠运作的程序，并没有一个真正可见的主体流。不过这种程序是少数。如果用尽编程语言的表达能力去清晰地表达很少执行、很少变化的部分，反而会掩盖程序中影响更大的部分，而这部分通常是比较频繁地被阅读、理解和改变的部分。并不是说例外的情形不重要，而是专注于清晰地表达运算的主体流更有价值。

因此，要清晰地表达程序的主体流。用异常和卫述句去表达不寻常的或者错误的情形。

## 7.3 消息

Java 中表达逻辑的主要手段是消息。过程性语言使用过程调用来作为信息隐藏的机制：

```
compute() {
  input();
  process();
  output();
}
```

以上代码的意思是："要想理解这个运算，需要知道它由这三个步骤组成，不过每个步骤的细节现在不重要。"用对象来编程的一个美妙之处是同样的过程还表达了更丰富的东西。对于每个方法，都可能存在一组相似但细节上有所差异的结构化运算。而且，额外的好处是，在编写恒定不变的部分时不需要去确定那些未来变体的细节。

用消息作为基本的控制流机制等于承认了变化是程序的基本状态。每个消息都是一处消息接收者可能发生变化而发送者不变的潜在场所。所以这种以消息为基础的过程说的不再是"那里有些东西，不过它的细节不重要"，而是"在这里发生的情节和输入有关，不过其中的细节有可能变化"。明智地运用这种灵活性，尽可能清晰和直接地表达逻辑，并适当地推迟牵涉到的细节，如果想编写出能有效传达信息的程序，这是一种重要的技巧。

## 7.4 选择性消息

有时候发送消息去选择一个实现，这和过程性语言中使用case语句很相似。例如，如果打算用若干方法中的一种来显示一个图形，我会发送一条多态的消息来传达出“选择将在运行时发生”的信息。

```
public void displayShape(Shape subject, Brush brush) {
  brush.display(subject);
}
```

display()这条消息根据画刷（Brush）的运行时类型来选择实现。于是就可以自由地去实现各种画刷：ScreenBrush、PostscriptBrush等。

广泛使用选择性消息可以使代码很少出现明确的条件语句。每条选择性消息都是对未来扩展的一个邀请。而当你打算修改整个程序的行为时，每一处明确的条件语句都是又一个必须费神的修改点。

阅读大量使用了选择性消息的代码需要技巧。选择性消息的一个代价是阅读者可能要看好几个类才能理解一条特定执行路径的细节。作为代码的编写者，可以通过能揭示意图的方法命名来给阅读者提供指引。另外应注意，有时候使用选择性消息可能是牛刀杀鸡。如果一项运算不存在可能的变体，不要仅为了提供变体的可能性而引入方法。

## 7.5 双重分发

选择性消息能很好地表达一维的变量。在7.4节所用的例子中，维度是绘制图形所用的媒介类型。如果需要表达两个相互独立的变量维度，可以级联两个选择性消息。

例如，假设想表达出Postscript椭圆和屏幕上的矩形的运算是不同的。首先，需要决定运算居于何处。看起来基本的运算属于 Brush，因此先向 Shape 发送一条选择性消息，然后再向 Brush 发送：

```
displayShape(Shape subject, Brush brush) {
  shape.displayWith(brush);
}
```

现在每个 Shape 都有机会实现不同的 displayWith()。不过，它们不是自己做细节的工作，而是将自身的类型附在消息上，然后交给 Brush 去决定：

```
Oval.displayWith(Brush brush) {
  brush.displayOval(this);
}
Rectangle.displayWith(Brush brush) {
  brush.displayRectangle(this);
}
```

现在不同种类的画刷有了完成工作所需的信息：

```
PostscriptBrush.displayRectangle(Rectangle subject) {
  writer print(subject.left() +" " +...+ " rect);
}
```

双重分发引入了一些重复，相应地也损失了灵活性。第一个选择性消息的接收者的类型名称散落在第二个选择性消息的接收者的方法里。在这个例子中，意味着如果要增加新的 Shape，需要增加方法去调用所有的 Brush。如果有一维比另一维更可能发生变化，那么让它作为第二个选择性消息的接收者。

在我的大脑中充当计算机科学家的那个我想要把情况推广到三重、四重、五重分发。不过，我至今只试过一次三重分发，而且没多久就放弃了。我总能够为多维逻辑找到更清晰的表达方式。

## 7.6 分解性（序列性）消息

对于一个由很多步骤组成的复杂算法，有时候可以把相关的步骤组合到一起，然后发送一条消息去调用它们。这个消息的目的不是提供一种特殊化的手段，或者什么深奥的东西，它只是平凡的功能分解。消息在这里单纯是为了调用例程中的一些步骤组成的子序列。

分解性消息需要有描述性的名称。要让大多数阅读者仅从名字就能够得知该子序列的意图。只有那些对实现细节感兴趣的人才有必要去阅读分解性消息所调用的代码。

在命名分解性消息时遇到的困难是一种警告，它预示着不该用这种模式。另一个警告是很长的参数列表。如果发现了这些症状，我会把分解性消息调用的方法展开到调用的地方，然后应用另一种模式，来帮助我传达出程序的结构比如 Method Object。

## 7.7 反置性消息

对称性可以提高代码的可读性。请看下列代码：

```
void compute() {
  input();
  helper.process(this);
  output();
}
```

构成这个方法的三个方法调用缺乏对称性。通过引入一个辅助方法来揭示出隐含的对称性可以提高这个方法的可读性。现在阅读 compute()的时候不需要再记住是谁在发送消息，因为消息的发送者总是 this。

```
void process(Helper helper) {
  helper.process(this);
}
void compute() {
  input();
  process(helper);
  output();
}
```

现在代码的阅读者只需要阅读一个类就可以理解 compute()方法的构成。有时候反置性消息所产生的辅助方法自身也变得很重要。过度使用反置性消息可能会掩盖需要进行功能移动的迹象。如果出现这样的代码：

```
void input(Helper helper) {
  helper.input(this);
}
void output(Helper helper) {
  helper.output(this);
}
```

那么把整个 compute()方法搬到 Helper 类，可能会得到更好的结构：

```
compute() {
  new Helper(this).compute();
}
Helper.compute() {
  input();
  process();
  output();
}
```

有时我觉得“仅仅”为了达到像对称性这样的“美学”要求的冲动而引入新的方法有点蠢。不过美学之深妙不止于此。比起严格的线性逻辑思维，美学能调动更多的脑细胞。一旦培养起对代码之美的嗅觉，从代码中得到的美感将是对代码质量的一种宝贵的反馈。这些从象征性思维层面之下涌出的感觉，其价值一点都不逊于经过充分证明并明确命名的模式。

## 7.8　邀请性消息

有时当你写代码的时候，会预期其他人将在子类中变动其中一部分运算。此时应发送适当命名的消息，去传达这种将来进行改进的可能性。这样的消息是在邀请程序员今后按照他们自己的意图去调整运算。

如果逻辑存在一个默认的实现，那么可令其成为消息的实现。如果不存在，那么可令方法成为抽象的，以便明确该邀请。

## 7.9　解释性消息

意图与实现之间的区分在软件开发中总是很重要的。它让你得以首先理解运算的要旨，如果有必要，再进一步理解其细节。可以用消息来彰显这种区分，先发送一条“以要解决的问题来命名”的消息，这条消息再发送“以问题如何被解决来命名”的消息。

我所见的第一个例子是 Smalltalk 的。我把这个吸引我目光的方法直书如下：

```
highlight(Rectangle area) {
  reverse(area);
}
```

我当时想，“这么写有什么用呢？为什么不直接写 reverse()，而要调用一个中间的 highlight()方法呢？”不过经过一些思考，我意识到虽然 highlight()没有起到运算上的作用，但它尽到了传达意图的职责。这样调用它的代码就可以用所要解决的问题的语言来书写，比如这里就是将一个屏幕区域高亮显示。

当你觉得需要注释单独一行代码的时候，可以考虑引入一条解释性消息。当我看到：

```
flags|= LOADED_BIT; // Set the loaded bit
```

我会宁愿看到：

```
setLoadedFlag();
```

尽管 setLoadedFlag()的实现微不足道。这个只有一行的方法存在的意义是为了沟通。

```
void setLoadedFlag() {
  flags|= LOADED_BIT;
}
```

有时候解释性消息所调用的辅助方法会成为日后有价值的扩展点。能为将来铺路当然最好了。不过，我使用解释性消息的主要目的还是为了更清晰地传达我的意图。

## 7.10 异常流

程序除了有主体流，还有若干异常流。这些是在沟通上不那么重要的执行路径，因为它们较少执行，较少变化，或者在概念上次于主体流。应清晰地表达主体流，并在不模糊主体流的前提下尽可能清晰地表达这些异常路径。卫述句和异常是表达异常流的两种方式。

如果语句是顺序执行的，那么程序就最容易阅读。阅读者可以用舒适而熟悉的阅读习惯去理解程序的意图。但有时候程序中存在多条路径。同等程度地表达所有的路径结果会变成一团乱麻。例如，在这里设个标志，又在那里使用它，返回值还有特殊的含义。要想回答“运行了哪些语句”这个简单的问题，要先经过一番考古学和逻辑学的练习。因此，应该选出一个主要的流，清晰地表达它，并用异常去表达其他的路径。

## 7.11 卫述句

即使程序有一个主体流，有些情况下也会需要偏离它。卫述句（guard clause）是一种表达简单和局部的异常状况的方式，它的影响后果完全是局部的。比较一下两组代码：

```
void initialize() {
  if (!isInitialized()) {
    ...
  }
}
```

和

```
void initialize() {
  if (isInitialized())
    return;
  ...
}
```

第一个版本在我读到then子句的时候，还要提醒自己记得去找else子句。我要在头脑中想象一个栈来放置这些条件。第二个版本的前两行直接提醒我注意一个事实：接收者还没有初始化。

if-then-else表达的是可供选择的多个同样重要的控制流。卫述句更适合表达另一种情形，即其中一个控制流比其他的更重要。在上面这个初始化的例子中，对象已经初始化的情况是比较重要的控制流。除此之外，只有一个简单的事实需要注意，就是即使多次要求对象初始化，它也只执行一次初始化代码。

过去曾经有一条编程的戒律：每个例程都应该只有一个入口和一个出口。这是为了防止在例程中的多个地方跳进跳出从而导致混淆。在FORTRAN或者汇编语言这类大量使用全局数据的程序中，甚至要弄清楚执行哪条语句都很困难，采取这样的戒律是很有道理的。在 Java 中，有了小粒度的方法和通常都是局部的数据，就不需要再守旧了。轻率地沿袭这条编程俗例，会妨碍卫述句的使用。

当存在多个条件的时候，卫述句特别有用：

```
void compute() {
  Server server= getServer();
  if (server != null) {
    Client client= server.getClient();
    if (client != null) {
      Request current= client.getRequest();
      if (current != null)
        processRequest(current);
    }
  }
}
```

嵌套的条件语句孕育着错误。用卫述句改写的代码强调了处理请求的先决条件，而不需要用到复杂的控制结构：

```
void compute() {
  Server server= getServer();
  if (server == null)
    return;
  Client client= server.getClient();
  if (client == null)
    return;
  Request current= client.getRequest();
  if (current == null)
    return;
  processRequest(current);
}
```

卫述句的一个变体是在循环中使用的continue语句。它的意思是，“别管这个元素，继续下一个。”

```
while (line = reader.readline()) {
  if (line.startsWith('#') || line.isEmpty())
    continue;
  // Normal processing here
}
```

这里的意图同样是指出正常与异常处理之间的差别。

## 7.12 异常

当程序中有的流程跳转跨越了多个层次的函数调用时，用异常来进行表述会让逻辑更加清晰。如果意识到调用栈上面有一层发生了问题，例如磁盘满了或者网络连接中断了，可能要往下好多层才能合理地处理这件事。在发现情况的点抛出异常，并在可以处理该情况的点捕捉异常，比起到处插入检查代码要好多了，那样不仅要明确地检查所有可能的异常条件，而且一个也处理不了。

异常有代价，它是设计漏洞的一种表现。被调用的方法会抛出异常这一事实影响了所有可能调用它的方法的设计和实现，一直到调用方法捕获了异常为止。异常让追踪控制流变得困难，因为相邻的语句可能位于不同的方法、对象或者包中。能用条件和消息来编写的代码，如果换成使用异常来实现，将会非常难以阅读，因为你总是在试图搞清楚除了简单的控制结构之外，还有些什么事情在进行中。简而言之，应尽可能用序列、消息、迭代和条件（照此顺序）来表达控制流。但当不使用异常会令主体流的表达变混淆的时候，则应使用异常。

## 7.13 已检查异常

使用异常的危险之一是，当抛出一个异常但没有捕捉它的时候，程序会终止。你当然希望当程序非预期地终止时能够输出分析情况所需的信息，并告诉用户发生了什么事情。

当抛出异常的程序和捕捉异常的程序由不同的人编写的时候，抛出的异常未被捕捉的风险更大。任何一点沟通上的失误都可能导致猝然而且粗鲁的程序终止。

为了避免这样的情况，Java 准备了已检查异常，它是由程序员显式地声明，并由编译器进行检查的。受到已检查异常影响的代码必须要么捕捉异常，要么将它传递下去。

已检查异常有一些必须考虑的代价。首先是声明本身的代价。它们很容易让方法声明的长度翻一番，而且在抛出者和捕捉者之间又多了一样需要去阅读和理解的东西。已检查异常还会让修改代码的工作变得更加困难。重构含有已检查异常的代码更加困难和繁复，尽管现代 IDE 已经减轻了这个负担。

## 7.14 异常传播

异常发生在各个抽象层次。捕捉和报告一个低层异常会令没有预期的人不知所措。如果一个 Web 服务器显示一个错误页面，上面是以 NullPointerException 开头的栈跟踪信息，我还真不知道该拿它怎么办。我宁愿看到它告诉我，“程序员没有预料到你遇到的这种情形”。我不介意页面上提示一些更详细的信息，让我可以提供给程序员去分析问题，但显示一些不能理解的细节却一点用都没有。

低层异常通常包含一些对分析问题有价值的信息。用高层的异常去包装低层的异常，这样当异常信息输出到比如日志的时候，能记下足够的信息来帮助寻找错误。

## 7.15 小结

在由对象构成的程序里，控制在方法间流动。下一章将讲述如何使用方法来表达运算中的概念。

# 第8章

# 方法

逻辑被分成许多方法，而不是全部揉成一大团。为什么呢？加入一小片新逻辑能解决什么问题？我们到底为什么要有方法？至少从理论上说，只要通过各种跳转控制，可以把任何程序都组织成一段巨大的例程。虽然早期的程序就是这么组织的（如今也还偶尔能见到），不过这种“逻辑的大疙瘩”问题重重。最严重的问题是难以阅读。在这样一块大疙瘩里，很难区分开重要的部分和不重要的部分，很难先抛开其他细节而专心理解某个片段，也很难明确在一项功能中哪些是调用的人会关心的、哪些又是修改的人会关心的。另一个问题是，编程中遇到的问题很少会只出现一次。与其每次都白手起家，不如直接调用上一次的解决办法，这样操作方便，生产效率也更高。对于庞大的例程，我们是很难引用其中的一部分供日后重用的。

将一个程序的逻辑分割成许多方法，相当于告诉别人“这些逻辑片断之间的联系不紧密”。再把方法分门别类放进类中，把类分门别类放进包中，就是在进一步地传递同样的信息。把这段代码放进一个方法，把那段代码放进另一个方法，就是在告诉阅读者两段代码之间的关系不密切，阅读者可以分别阅读并加以理解。更进一步，方法的命名也是与阅读者沟通的机会，它可以告诉阅读者这段计算的目的何在，让阅读者免受实现的影响。阅读者通常单凭阅读方法的名字就可以一眼分辨出哪些是自己要找的。

方法干净利落地解决了重用的问题。编写新例程的时候，要是其中一段逻辑已经作为方法存在，就可以直接调用该方法。

将大段的计算分割成若干方法，在概念上是简单的：将应该放在一起的片段放在一起，将应该分隔开的片段分隔开。不过在实践中首先要花费时间、精力和创造力去弄清楚哪些东西应该归在一起，哪些又不应该。其次还要找出最佳的划分方案。目前看起来很好的划分随着系统逻辑的改变可能会变得不合适。好的划分方案应该能够减少你的工作量，但要分清楚哪些才是最佳的方案则需要有丰富的经验支持。以下是来自个人经验的一些启示。

将程序划分成方法一般需要考虑几个因素：大小、意图和方法的命名。如果分成了太多太小的方法，那么思维的表达就变得过于琐碎，阅读者不容易理清楚。太少的方法又会导致代码的重复，而且伴随着灵活性的损失。编程中存在许多屡见不鲜的任务，解决步骤通常首先就是新建一个方法。倘若方法解决的是一再出现的问题，那么给方法命名一般都不太困难。困难的是那些解决独特问题的方法，而此时一个好名字对阅读者来说更显重要。

以下是与方法相关的模式：

- 组合方法（Composed Method）——通过对其他方法的调用来组合出新的方法；
- 揭示意图的名称（Intension-Revealing Method）——在名称上反映出方法打算做什么事；
- 方法可见性（Method Visibility）——尽可能降低方法的公开程度；
- 方法对象（Method Object）——把复杂的方法变成对象；
- 覆盖方法（Overriden Method）——通过覆盖一个方法来表达特殊化；
- 重载方法（Overloaded Method）——为同样的计算提供不同的接口；
- 方法返回类型（Method Return Type）——尽可能声明一个泛化的返回类型；
- 方法注释（Method Comment）——通过方法注释来传达不容易从代码中读出的信息；
- 助手方法（Helper Method）——增加小的、私有的方法来使计算的主体部分表达得更简明；
- 调试输出方法（Debug Print Method）——用 toString()输出有用的调

试信息；

- 转换（Conversion）——清晰地表达从一个类型的对象到另一个类型的对象的转换；
- 转换方法（Conversion Method）——对于简单的、有限的转换，在源对象中提供一个方法，让它返回转换后的对象；
- 转换构造器（Conversion Constructor）——对于大多数转换，在目标对象的类中提供一个方法，让它接受一个源对象作为参数；
- 创建（Creation）——清晰地表达对象的创建；
- 完整的构造器（Complete Constructor）——编写一个构造器，让它返回完全塑造好的对象；
- 工厂方法（Factory Method）——将较复杂的创建表达成类中的一个静态方法，而非构造器；
- 内部工厂（Internal Factory）——将需要进一步解释或者日后需要调整的对象创建封装进一个助手方法；
- 容器访问器方法（Collection Accessor Method）——为容器的限制性访问提供方法；
- 布尔值 Setting 方法（Boolean Setting Method）——如果有助于沟通，为布尔值的两种状态分别提供一个设置方法；
- 查询方法（Query Method）——通过名为 asXXX 的方法返回布尔值；
- 相等性判断方法（Equality Method）——同时定义 equals()和 hashCode()；
- 取值方法（Getting Method）——在特殊情况下提供对一个字段的访问，用一个方法返回该字段；
- 设置方法（Setting Method）——在更罕见的情况下提供一个设置字段的方法；
- 安全复制（Safe Copy）——对传入或传出访问器方法的对象进行复制，避免混淆。

## 8.1　组合方法

通过对其他方法的调用来组合出新的方法，被调用方法应大致属于相同的抽象层次。

抽象层次的混杂预示着糟糕的组合。

```
void compute() {
  input();
  flags|= 0x0080;
  output();
}
```

上面的代码对于阅读者来说颇为碍眼。流畅的代码更易于理解，而跳跃的抽象层次破坏了代码的流畅性。我读到这段代码的时候会问自己，那句位操作在要什么花样？它是什么意思？

反对使用大量小方法的理由之一是大量的方法调用会增加性能负担。我在写这一节的时候做了一个基准测试，测试程序在一百万次循环中发送了一百万条消息。结果表明，平均增加的额外负担是 20%~30%，不足以对大多数程序的性能产生影响。更快的 CPU，再加上性能瓶颈的强烈局部化倾向，使得代码性能问题最好留到获得真实的统计数据之后再去考虑。

一个方法应该有多长？有些人建议设一个数值限制，比如少于一页或者 5~15 行。虽然大多数可读性高的代码都符合这样的限制，但武断的数值并没有回答“为什么”的问题。为什么代码段在这样的长度下最有效？

阅读者阅读代码的几个目的对代码长度有着截然相反的要求。能一次看到很多代码有利于研读代码的整体结构。方法中的空白为阅读者理解整体结构和方法的复杂程度提供了线索。方法中有没有条件语句和循环？控制逻辑嵌套得有多深？需要做多少工作才能完成方法名称所暗示的任务？

虽然大方法有助于了解整体结构，但当我试图理解代码细节的时候，它就成了绊脚石。我一次只能在大脑中容下一定数量的细节，上千行的方法显然远远超出了大脑一次所能容纳的数量。为了理解细节，我希望密切相关的细节部分能集中到一起，而不相关的部分则分离开。

代码作者将逻辑划分成方法的时候要同时满足走马观花和细嚼慢咽的需要，这是一项挑战。我发现当把代码分解成相对较小（至少以 C 语言的标准来说）的方法时，读起来最舒服。要点在于识别出哪些细节是相对独立的，可以把它们转移到辅助方法中去。有时候会遇到大量细节，不难理解但不易分割，此时我会建立一个方法对象让所有细节都各归其位。

选择方法大小的另一个考虑因素是特殊化。大小合适的方法可以一丝不差地被覆盖，不需要把部分代码复制到子类然后修改，也不需要为了概念上属于一个整体的单个修改而覆盖两个方法。

组合方法时应当根据事实而非推测。先让代码正常工作，然后再决定该怎么安排它的结构。如果一开始就花很多时间考虑代码的结构，那么一旦在实现过程中发现一些新东西，就不得不推翻前面的结构重新来过。当逻辑的全部细节都摊开在面前之后，会更容易合理地组合方法。有时候我以为已经了解方法该如何组合，但当我完成逻辑的分割之后，才发现结果变得更难以阅读。在这种情况下，我会重新展开所有的方法，直到再次出现“巨无霸”方法的时候再根据最新的经验重新分割它。

## 8.2 揭示意图的名称

应该从潜在调用者的想法出发，根据调用者使用该方法的意图来给方法命名。你可能还想在方法名称中传达其他信息，比如方法的实现策略。不过，最好只在名称中传达意图，方法的其他信息可以通过另外的途径去传达。

实现策略是最常出现在方法名称中的枝节信息。例如：

```
Customer.linearCustomerSearch(String id)
```

可能看起来要比下面的好：

```
Customer.find(String id)
```

因为它传达了更多与方法有关的信息。不过，代码作者的目标不应该是马上就把程序所有信息都一股脑地倒出来，有时候保持克制是必要的。除非实现策略对用户有意义，否则应该把它从方法名称中拿掉。喜欢寻根问底的人可以通过阅读方法体来了解方法的实现。即使 Customer 类提供了线性和散列两种查找方法，最好还是从调用者的角度来表达两个方法的差异：

```
Customer.find(String id)
Customer.fastFind(String id)
```

（实际上在上例中最好是只提供一个能满足所有用户的 find()方法，但那不是目前讨论的问题。）无论快速版的 find()方法是用散列表实现的还是用树实现的，对于方法的用户来说都无关紧要。

让我们假想一下方法名出现在调用代码中的情境。阅读者很可能是第一次遇到这个方法。为什么调用这个方法而不是其他方法？这是方法名要回答的问题。调用代码是在讲述一个故事，好的方法命名会让故事讲述得更流畅。

如果要实现的方法与已有的接口相类似，那么在方法命名上与该接口保持一致。比如要实现一个特殊的迭代器，那么即使它并不实现 Iterator 接口，也应该把方法命名为 hasNext()和 next()。如果要实现的方法只是与现有接口有些相似，那么首先应该考虑是不是使用了正确的隐喻，其次在方法名前加上前缀以表达差异。

## 8.3　方法可见性

可见性有 4 级，即 public、package、protected 和 private，每个都传达出方法的不同意图。

方法可见性有两大约束条件，既要向外部用户暴露出一些功能，又要保持未来的灵活性。暴露的方法越多，需要改变对象的接口时就越困难。在开发 JUnit 的时候，Erich Gamma 和我经常对方法的可见性持不同意见。我的 Smalltalk 背景令我认为让方法可见对客户有潜在的价值，Erich 在 Eclipse 上的经验告诉他要珍惜灵活性，尽可能少暴露。我慢慢地转为赞同他的观点。

在选择可见性的时候要在两件事情之间进行权衡。一是未来的灵活性，狭窄的接口更便于未来的变化。二是调用对象的代价，过于狭窄的接口让对象的所有客户都被迫执行更多不必要的工作。二者的平衡是决定可见性时要考虑的核心问题。

我选择可见性的一般策略是尽量限制。单纯为方法挑选可见性是很简单的，交给工具去做都可以。真正的挑战是当你无法确知一切使用情形的时候，当不受你直接控制的代码开始调用你的方法的时候。必须深思熟虑，决定哪些方法应该是 public 或者 protected 的，因为你从此就要负担起维护它们的义务，或者为了改变它们而付出相当的代价。

- public：把一个方法声明成 public，意思是你相信该方法在声明它的包之外也是有用的，同时意味着你接受了维护它的责任。要么保持方法不变，要么在改变之后负责修复所有的调用者，至少要通知所有调用它的程序员。

  ```
  public Object next();
  ```

  这句声明意味着现在以及在可见的将来，客户都可以使用 next()方法。

- package：package 可见性说明方法对于本包中的对象是有用的，但你并不愿意让外部的对象使用它。这是一个比较奇特的声明，其他对象需要这个方法，但不是所有其他对象，只有我的其他对象才需要。package 可见性意味着该功能可能应该被移到别的地方，因此降低其可见性，也有可能它的使用范围超出意料之外，因此值得把它变成公开方法。
- protected：protected 可见性只用在向子类提供可重用的代码的情形

下。虽然看起来它比 package 更严格，但实际上两者是正交的，因为在包外的子类可以看见和调用 protected 方法。

- private：私有方法是对未来灵活性的最大保证，因为无论外部用户是否使用和扩展了代码，你肯定都能找到并修改所有的调用者。将方法声明为私有，等于是在告诉外部用户：此方法能给他们提供的价值比不上将其公开的成本。

要谨慎地暴露方法，从最严格的可见性开始，有必要时再暴露。如果一种方法不再需要那么高的可见性，就应该降低它的可见性。只有当所有的调用者都在你的掌控范围内才有可能降低可见性，因为只有这样才可以保证调用者在所依赖的方法消失之后能被修复。我还常常注意到一种情况，当我换一种方式使用对象的时候，会发现最初认为属于 private 的方法有可能成为接口中一个有价值的成员。

将方法声明为 final 与选择可见性是类似的。声明成 final 意味着你虽然不介意别人使用它，但你不允许任何人改变它。如果方法要维持一种复杂又精细的状态不容破坏，那么这种程度的自我保护或许还合情合理。但是，这保护着你的代码，让它不会受到意外破坏的坚实屏障是牺牲了其他人覆盖该方法的可能性带来的。他们不但享受不到覆盖方法所带来的好处，而且还需要多花很多功夫才能完成工作。我自己不用 final，而且我时不时会因为遇到 final 方法而生气，因为我有合适的理由需要覆盖那个方法。

将方法声明为 static 意味着调用者即使不能访问该类的实例，也能调用该方法。静态方法的局限在于它们不能依赖于任何实例状态，因此并不是放置复杂逻辑的好地方。静态方法可被继承，但一旦覆盖就不能再调用超类的方法。静态方法的用途之一是作为构造器的替代。

## 8.4 方法对象

这是我最喜爱的模式之一，可能因为我虽然难得用它，但每次使用的效果总是异常出色。要是一个方法里的代码逻辑纠缠不清，像是硬塞到一起的，方法对象能帮助你将它整理成可读的、清晰的、逐层向阅读者揭示其细节的代码。我在得到能工作的代码之后就会应用这个模式，而且代码越复杂，效果越显著。

假设有一个方法很长，又有很多参数，并且用了很多临时变量。如果直接用提取其中一部分的办法来重构，提取出来的部分会很难命名，而且参数也很多。这时候可以考虑采用方法对象模式。下面是建立方法对象的步骤（我撰写本书的时候这项重构还没得到自动化支持）。

（1）用方法的名称作为类名。例如，complexCalculation()变成 ComplexCalculator。

（2）在新类中为每个参数、局部变量和方法中用到的字段一一建立新字段。保留它们在旧类中的名字（以后再修改）。

（3）建立一个构造器，参数包括原方法的参数以及方法中用到的原对象的字段。

（4）将原方法复制成新类中的 calculate()方法。旧方法中用到的参数、局部变量和字段都变成了对新对象的字段的引用。

（5）将原方法的方法体替换成创建一个新类的实例并调用 calculate()方法，如下所示：

```
complexCalculation() {
  new ComplexCalculator().calculate();
}
```

（6）如果原方法中对字段进行了设置，那么在 calculate()之后加上相应的代码：

```
complexCalculation() {
  ComplexCalculator calculator= new ComplexCalculator();
  calculator.calculate();
```

```
    mean= calculator.mean;
    variance= calculator.variance;
}
```

先确认一下重构没有造成破坏，接下来的事情就简单了。新类很容易继续重构。现在提取方法一点都不困难，而且完全不需要传递任何参数，因为方法中用到的所有数据都已经放在字段里了。在提取方法的过程中经常会发现有些变量可以从字段降级成局部变量。同样，有些信息可以单独传递给某个方法，因此不再需要为它保留一个字段。随着一个个方法被提取出来，你会发现原来很难分清楚的子逻辑现在变成了名字有意义的助手方法。

有时候当我想起应该用方法对象的时候，已经把原方法切割开了。这时应该把所有分割出来的子方法先放回原位，以便应用方法对象模式的时候不会缺东少西。如果在制作方法对象的过程中发现需要调用原对象的方法，这就是一个明确的信号，说明应该先进行方法合并。备份，合并方法，然后重新开始。

## 8.5 覆盖方法

对象编程有很多手段表达相似计算之间的差异，这是对象编程的亮点。覆盖方法是表达变体的一种清晰的方式。超类中的抽象方法明确地邀请实现者对一段计算进行特殊化，而任何没有声明成 final 的方法，都意味着可以用一种变体去替换现有的计算。超类中经过良好组织的方法提供了大量的潜在替换点，供你换上自己的代码。如果超类的代码被分割成高内聚的小段，那么你就可以完整地对方法加以覆盖。

覆盖一个方法并不表示要在新旧之间二选一。可以既执行子类的代码又通过 super.method();调用超类的代码。注意子类方法中像这样的调用只应该调用超类中的同名方法。如果子类有时候调用自己的代码，有时候又调用超类中的各种方法，那么类会变得难以理解，并且很容易被不小心破坏。如果发觉需要调用超类的多个方法，那么应该通过重新组织控制流来改善代码，直到不再需要在子类与超类之间跳来跳去。

超类方法如果太大，就会造成一种进退两难的情况：是把代码复制到子类然后修改，还是换一种方式来表达差异？代码复制有一个缺点，被复制的那部分超类代码可能后来会被其他人修改，而在你（以及修改超类的人）一无所知的情况下，代码就被破坏了。

## 8.6 重载方法

用不同的参数类型声明同一个方法，所传达出来的意思是“这个方法的参数有多种格式”。举个例子，方法可以接受代表文件名的字符串，让想使用文件名的用户得到一个简单的接口；也可以接受一个 OutputStream，让用户传入一个在别处构造好的流（比如在测试中就很有用），从而保留了灵活性。重载方法通过提供多种传递参数的合理方式，减轻了调用者转换参数的负担。

重载还有另一种形式，即同一个方法名下有多个不同参数数量的方法。这种重载风格会令阅读者产生疑问，“我调用这个方法会有什么结果？”阅读者不能只阅读方法的名称，还需要阅读参数列表才能了解调用这个方法会发生什么事。如果重载很复杂，用户就不得不仔细理解微妙的重载规则，才能有把握地确定应该为某类型的参数选择哪一个方法。

多个重载方法的目的应该一致，不一致的地方应仅限于参数类型。如果重载方法的返回类型不同，会让代码难以理解。最好为新的意图找一个新的名字，不同的计算应该有不同的名称。

## 8.7 方法返回类型

通过方法的返回类型可以识别出它是间接影响环境的过程还是返回特定类型对象的函数。特殊的返回类型 void 让 Java 不需要用关键字来区分过程和函数。

编写函数时应选择能表达你的意图的返回类型。有时候你的意图就是返回特定的具体类型或者某个基本类型，但更多时候应该尽量扩大方法的适用范围，因此应该在符合意图的前提下选择尽可能抽象的返回类型。这样可以保留灵活性，为将来必要的时候改成更具体的类型留下空间。

泛化的返回类型还有助于隐藏实现。例如返回 Collection 而非 List 能促使用户放弃对元素顺序固定的假设。

在程序的演变过程中，返回类型是一个经常发生变化的地方。有可能开始的时候返回的是一个具体类型，但后来发现虽然多个相关方法返回的具体类型不同，但它们都具有或应该具有同样的接口。这时应该定义一个共同的接口，让相关方法都返回同样的接口类型，这会有助于阅读者理解它们的相似性。

## 8.8 方法注释

在名称及代码的结构中表达尽可能多的信息。对于不能在代码中表达清楚的信息，要增加注释。如有需要，增加 javadoc 注释，以解释方法及类的意图。

对于沟通良好的代码来说，很多注释完全是多余的。编写这些注释，以及维护注释与代码一致性的代价，远高于它们带来的价值。

方法注释处在一个很别扭的抽象层次上。如果两个方法之间存在约束（例如其中一个必须在另一个之前调用），注释应该放在哪里？注释并非与代码同步更新，但又必须保持同步更新，而且注释不正确也得不到即时反馈。

自动化测试可以传达一些不便放在方法注释中的信息。以前面的假设情况为例，我可以编写一个测试来保证在方法调用顺序错误时抛出异常（不过我宁愿消除或封装这样的约束）。自动化测试有很多优点。如果测试运行正常，那么它们就是与代码一致的。自动化重构工具可以将保持测试同步更新的成本降到很低。

归根结底，沟通仍然是所有实现模式的首要价值。如果方法注释是最合适的沟通媒介，那就写一个好注释吧。

## 8.9 助手方法

助手方法是组合方法的衍生产物。要想将大方法分割成若干小方法，就少不了这些小小的助手方法。助手方法的目的是通过暂时隐藏目前不关心的细节，让你得以通过方法的名字来表达意图，从而令大尺度的运算更具可读性。助手方法一般声明成 private，如果打算允许子类进行微调，可以提升为 protected。

外部用户也可能对私有的助手方法产生兴趣。在内部有用的方法拿到外部可能也是有用的。即使小小的助手方法从未“大放光彩”，它仍然是一个有价值的沟通途径。

助手方法一般比较短，但太短也不好。今天我刚刚删除了一个助手方法，因为它做的事情仅仅是返回一个类的构造器。我认为：

```
return testClass.getConstructor().newInstance();
```

沟通效果并不比下面的写法差：

```
return getTestConstructor().newInstance();
```

不过如果子类打算覆盖构造器的逻辑，那么上面的助手方法还是有存在意义的。

如果方法的逻辑变得不清晰，应（至少暂时）去除助手方法。把所有的助手方法展开到代码中，换个角度去观察方法的逻辑，重新提取出有意义的方法。

助手方法的最终目标是将共通的小片断合而为一。如果每次需要某个特定的计算片断，都去调用同一个助手方法，那么修改起来就很容易。如果任由两三行代码一再重复，你不但丧失了通过精心选择的方法名传达其意图的机会，修改起来也很困难。

## 8.10　调试输出方法

很多情况下都有必要将对象表示成字符串。你可能想向用户呈现一个对象，也可能想将对象保存起来供以后读取，又或者向程序员展示对象的内部结构。

Object 类的接口很狭窄，只有 11 个方法。其中 toString()将对象变成字符串来呈现，但它的意图何在？一次满足多个目标是难以拒绝的诱惑，然而面面俱到的妥协却少有成功。最终用户、程序员和数据库感兴趣的是对象的不同侧面。

投入精力实现高质量的调试输出能得到很好的回报。你可能要点上半分钟的鼠标，才能找到对象内部的一个重要细节。但换成在 toString()中呈现，可能只需要一次点击，同样的细节就尽在眼前。我宁愿通过调试来弄清程序的行为，也不想在开发环境中浏览许多对象。在高强度的调试过程中，保持专注可以节省几分钟甚至几小时的工作。

因为 toString()是公开的方法，它很容易被滥用。如果人们需要某些接口而对象不支持，他们会从打印字符串中解析需要的信息。这种代码是脆弱的，因为对 toString()的修改很常见。防范对 toString()的滥用，最好的办法是尽最大努力让对象提供客户需要的所有行为。

总而言之，如果需要提供便于程序员使用的对象表示，则重载 toString()，而其他用途的字符串表示请放在其他方法或单独的类中。

## 8.11 转换

有时候你拥有的是 A 对象，而后续计算却需要 B 对象。你该如何表示这种从源对象到目标对象的转换呢？

与其他模式一样，转换模式的目标也是清晰地传达程序员的意图。不过有几项技术因素会影响转换的最佳表达方式。其一是需要的转换数量。如果要转换的只是一种对象，那么简单的手段就够了。如果转换的数量不限，就要寻找其他手段。类之间的依赖关系也是需要考虑的一个问题，仅仅为了转换表达起来方便而引入新的依赖关系是不值得的。

转换的实现又是另一个问题。有时候可以创建一个目标类型的新对象，然后从源对象复制信息。有时候可以只实现目标对象的接口而无需从源对象复制信息。还可以用其他手段来代替转换，比如有时可以为两个对象找到一个共同的接口，然后针对接口来编码。

## 8.12 转换方法

如果需要表达类型相近的对象之间的转换，且转换的数量有限，那么应把转换表达成源对象中的一个方法。

举例来说，假设要实现笛卡儿坐标和极坐标，那么应该像这样实现转换方法：

```
class Polar {
  Cartesian asCartesian() {
  ...
  }
}
```

反之亦然。注意转换方法的返回类型是目标对象的类型。转换的目的是得到一个遵守另一套规则的对象。除了转换，也可以在 Polar 中实现 getX() 和 getY()，还可以让 Polar 和 Cartesian 都实现 Point 接口，从而完全消除转换的需要。

转换方法的优点是读起来很舒服。它的使用非常广泛（例如 Eclipse 中有超过一百个地方实现了转换方法），然而引入它的前提是你能够修改源对象的接口。转换方法还引入了从源对象到目标对象的依赖关系。如果原先不存在这样的依赖关系，仅仅为了转换方法而引入依赖是不值得的。最后，如果潜在的转换数量不受限制，过多的转换方法会显得很笨拙。如果一个类有 20 个 asThis()或 asThat()就很难看了。在此情况下，应修改客户代码，让它能直接处理源对象而无需转换。

由于以上缺点，我在使用转换方法方面很节制，仅仅用它来把对象转成相近的类型。其他情况下我都用转换构造器来表达转换。

## 8.13　转换构造器

转换构造器把源对象当作参数输入，然后返回目标对象。转换构造器很适合用于将一个源对象转换成许多目标对象，因为转换分散在各个目标对象里，不会全都堆积在源对象的代码中。

例如，File 类的转换构造器可以将代表文件名的 String 对象转换成能执行读取、写入、删除等操作的文件对象。虽然有个 String.asFile()也很方便，但这样一来 String 类包含的转换数量就无止境了。因此还是 File(String name)、URL(String spec)和 StringReadStream(String contents)更好一点。

如果希望转换能更自由一点，并且不必固定返回某个具体类型，那么可用工厂方法来表达转换构造器，让它返回一个更加泛化的类型（还可将它放在其他类中，不像转换构造器只能属于目标类型所在的类）。

## 8.14 创建

在过去（半个世纪前），程序是一大堆不加区分的代码和数据。控制和流不知从哪里开始，也不知到哪里结束。数据可以从任何一个地方访问。计算，也就是计算机的最初目的，其速度（相对来说）快如闪电，且完全精确。然而后来人们发现了一个难堪的事实：编写出来的程序不仅是用来运行的，还是用来修改的。那些跳来跳去的控制流、自我修改的代码、可从任何地方访问的数据，执行起来还算美妙，但要想修改就糟透了。于是人们走上了寻找计算模型的漫长而曲折的道路，希望能让此处的修改不至于引起彼处无从预计的错误。

小的程序一般比大的程序容易修改。将运行大程序的大计算机拆分成一群更小的计算机（对象），能使程序更容易修改，人们很早就采用了这样的策略。对象很好地满足了未来修改的要求，它提供了一个事件视界，在视界之内，程序的修改成本是很低的。

程序的细分是为了人，是为了迁就人类容易上当、拿不定主意却又独出心裁的头脑，但对于计算机来说是没什么好处的。不管是一团又长又难看的代码，还是一群相亲相爱的对象，计算机都照样运行。对于人类阅读者，创建对象相当于声明说：这些状态是为了支持这个计算而放到一起的，至于它们的细节，现在不必关心。

必须在清晰而直接的表达与灵活性之间取得平衡，才能有效地利用对象创建来表达信息。与创建相关的实现模式围绕“给我一个对象”的主题提供了一些表达的技巧。

## 8.15　完整的构造器

对象需要先得到一些信息才能开始运算。为了与用户就先决条件进行沟通，可提供一个构造器，构造器将返回准备好执行运算的对象。如果存在多种建立对象的方式，应分别提供多个构造器，每个构造器都返回完全塑造好的对象。

```
new Rectangle(0, 0, 50, 200);
```

通过提供无参数的构造器和一系列设置方法来创建对象，可以很好地满足灵活性的要求。不过这种方式无法表达出对象必须拥有哪些参数组合才能正常运作。

```
Rectangle box= new Rectangle();
box.setLeft(0);
box.setWidth(50);
box.setHeight(200);
box.setTop(0);
```

我能不能跳过其中一些参数呢？单从这个接口是看不出来的。而如果我看到的是要求 4 个参数的构造器，我就知道那 4 个参数都是必需的。

构造器将客户绑定到了一个具体类。调用构造器意味着你愿意使用一个具体类。如果希望代码更抽象，可以引入工厂方法。但即便定义了工厂方法，也应该提供一个完整的构造器，让好奇的用户迅速知道构造对象需要哪些参数。

在实现完整构造器的时候，可以把所有构造器都转接到一个主构造器，在主构造器中完成所有初始化工作。这样可以保证各个构造器创建出来的对象都能满足正常运行所必需的恒定要求，而且向未来的类的修改者传达了这些恒定要求。

## 8.16 工厂方法

对象创建的另一种表达方式是通过类中的一个静态方法来表达。这种方法比起构造器有几个优势：可以返回更抽象的类型（某个子类或接口的某个实现），还可以根据方法的意图来命名，不必与类名一致。不过工厂方法增加了复杂性，因此只有在它们的优势的确有意义的时候，才应该使用工厂方法，而不要把工厂方法看作是理所当然。

如果写成工厂方法，上一节用到的 Rectangle 例子将变成这样：

```
Rectangle.create(0, 0, 50, 200);
```

如果要完成的工作比单纯创建对象更复杂，比如要在缓存中记录对象，或者在运行时决定创建哪一个子类的对象，工厂方法就很合适。作为一名阅读者，每次遇到工厂方法的时候，我总是充满好奇，想知道里面除了创建对象还做了什么事情。我不希望浪费阅读者的时间，因此如果只是平平无奇的对象创建，我宁愿使用构造器来表达。如果还要进行其他工作，我才引入工厂方法来提醒好奇的阅读者。

工厂方法有一种变体，即把多个相关的工厂方法改为实例方法，并集中到一个特殊的工厂对象之中。如果有多个需要同时变动的具体类，这种变体就很有用。例如可以为每个操作系统分别设立一个工厂对象，用来创建发出系统调用的各种对象。

## 8.17 内部工厂

如果要在内部创建一个辅助对象，但创建过程很复杂，或者希望让子类能够修改创建逻辑，应该怎么做呢？设立一个方法负责创建并返回新对象。

延迟初始化经常用于内部工厂中。Getter 方法常意味着变量的延迟初始化：

```
getX() {
  if (x == null)
    x= ...;
  return x;
}
```

这个方法要传达相当多的信息。如果 x 的计算很复杂，最好把计算隐藏到一个内部工厂中：

```
getX() {
  if (x == null)
    x= computeX();
  return x;
}
```

内部工厂同时也是对子类的邀请，请子类根据需要进行微调。如果一段计算是在多种数据结构之上使用同样的算法，那就很适合通过内部工厂来表达。另外也可以把数据结构当作参数传给辅助对象。

## 8.18 容器访问器方法

如果对象里包含了一个容器，那么应该为它提供什么样的访问方式呢？最简单的做法是为该集合提供一个取值方法：

```
List<Book> getBooks() {
  return books;
}
```

这样做虽然为客户保留了最大限度的灵活性，但也制造出了几个问题。直接返回整个容器可能使依赖于容器内容的内部状态在你不知情的情况下失效。为对象提供这样的万能接口等于错失了创建一个丰富而意图明确的接口的机会。

另一种做法是在返回之前将容器包装成一个不可修改的容器。但不幸这种包装只是在编译器面前伪装成一个容器，试图修改包装后的容器将引发异常。调试这类错误的代价是高昂的，尤其是在调试已投入生产的代码的时候。

```
List<Book> getBooks() {
  return Collections.unmodifiableList(books);
}
```

更好的办法是提供一些方法，为容器中的信息提供限制性的、意义明确的访问途径。

```
void addBook(Book arrival) {
  books.add(arrival);
}
int bookCount() {
  return books.size();
}
```

如果用户需要遍历容器中的元素，则提供一个返回迭代器的方法：

```
Iterator getBooks() {
  return books.iterator();
}
```

这样就防止了用户对容器的修改，不过还有 Iterator 里烦人的 remove() 操作需要防范。如果有必要确保用户不能改变容器的内容，则让迭代器在移除元素的时候抛出异常。然而仅在运行时才能发现错误是有风险的，而且可能难以调试。

```
Iterator<Book> getBooks() {
  final Iterator<Book> reader= books.iterator();
  return new Iterator<Book>() {
    public boolean hasNext() {
```

```
            return reader.hasNext();
        }

        public Book next() {
            return reader.next();
        }

        public void remove() {
            throw new UnsupportedOperationException();
        }
    };
}
```

如果你发现自己需要重复实现容器的很多行为，那么很可能问题出在设计上。如果对象能为用户多做一点事情，它就不必对外暴露那么多内部构造了。

## 8.19　布尔值设置方法

对于设置布尔值的操作，应该设立什么样的规则才是最好的呢？最简单的方案是一个单纯的设置方法

```
void setValid(boolean newState) {
  ...
}
```

如果客户需要灵活性，这种风格是合适的。不过，由于此设置方法的调用参数不外乎 true 和 false，因此可以分别为两种状态各提供一个方法，以增强接口的表达能力。

```
void valid() {...
void invalid() {...
```

修改后的接口让客户代码读起来更清晰，而且在阅读代码时更容易找到状态是在哪里设置的。但是，如果代码中出现下面的写法：

```
...
if (...boolean expression...)
  cache.valid();
else
  cache.invalid();
```

还是直接提供 setValidity(boolean)更合适。

## 8.20 查询方法

有时候对象需要根据另一个对象的状态来做决定。这是一种不理想的情况，因为一般来说其他对象应该为它们自己做决定。不过万一某对象确实需要对外提供决策依据，那么相应的方法名称应该加上“be”或“have”的某种形式（如“is”或“was”）作为前缀。

如果一个对象有很多逻辑都依赖于另一个对象的状态，可能意味着逻辑放错了地方。例如，如果出现下面的代码：

```
if (widget.isVisible())
  widget.doSomething();
else
  widget.doSomethingElse();
```

那么很可能 widget 缺少了一个方法。

尝试移动一下逻辑，看看是否阅读起来更清晰。有时候这种逻辑移动违背了你的先入之见，不符合你对对象职责的设想。但相信眼前的证据并根据证据来行事，通常能改善设计。比起先验的古板印象，逻辑移动的结果更易于阅读，也更好用。

## 8.21 相等性判断方法

如果需要比较两个对象的相等性（比如对象需要用在散列表中充当键），但不关心两个对象的同一性，这时应实现 equals()和 hashCode()。因为两个相等的对象必须具有相同的散列值。散列值的计算应该只使用相等性计算中用到的数据。

假设你在编写一个金融软件，金融票据一般都有序列号，因此可以把序列号用在相等性判断当中：

```
Instrument
public boolean equals(Object other) {
  if (! other instanceof Instrument)
    return false;
  Instrument instrument= (Instrument) other;
    return getSerialNumber().equals(instrument. getSerialNumber());
}
```

请注意方法一开头的卫述句。理论上可以对任意两个对象的相等性进行比较，因此代码必须做好准备，以防不测。如果你认为出现跨类的比较等于存在编程错误，可以去掉该卫述句，让程序抛出 ClassCastException 异常，也可以在卫述句内抛出 IllegalArgumentException 异常。

因为比较相等性的时候只用序列号这一项信息，所以计算散列值的时候也只应该使用序列号。

```
Instrument
public int hashCode() {
  return getSerialNumber.hashCode();
}
```

注意，在小的数据集合中，直接用 0 作为散列值也是可以的。

在 20 年前，相等性问题要比今天重要得多。我还记得当初花费了相当多的时间去设计缜密的相等性方案。当时流传一幅漫画，画上是两个人坐在小饭馆里，第一个人对侍者说“我要和他一样的”，于是侍者抓起第二位食客的碟子丢到第一个人的面前。

equals()和hashCode()就是残留到今天的遗迹。要用它们就必须遵守规则，否则将遭遇到奇怪的错误，比如把一个对象放进集合却没法再把它取出来。

相等性还有另一个要小心的问题，就是应当保证两个不可变对象如果相等，那么两者应该实际上是同一个对象。通过工厂方法来分配 Instrument 对象是其中一种实现方法：

```
Instrument
static Instrument create(String serialNumber) {
  if (cache.containsKey(serialNumber))
    return cache.get(serialNumber);
  Instrument result= new Instrument(serialNumber);
  cache.put(serialNumber, result);
  return result;
}
```

## 8.22 取值方法

提供对对象状态的访问途径，可以用方法返回相应的状态。在 Java 中按照惯例会为这种方法加上“get”前缀。例如：

```
int getX() {
  return x;
}
```

这种惯例可视为一种元数据。我曾经短暂试过直接用返回变量的名字来命名取值（getting）方法，不过很快就改回来了。如果阅读者觉得“getX”比“x”更易读，那么无论我个人的观点怎样，最好还是符合阅读者的期望。

如何编写取值方法并不重要，重要且值得关注的是应不应该写这么一个方法，或者至少要考虑该不该让方法可见。根据逻辑应与数据放在一起的原则，如果需要public或者package的可见性，可能暗示了应该把逻辑放到另一个地方。先别忙着写取值方法，试着移动一下使用该数据的逻辑。

我对那些外部可见的取值方法一般都充满了厌恶，不过也有几个例外。其一是当一组算法分别位于各自的对象中时，它们需要通过取值方法来获取数据。另一种情况是确实需要一个公开的方法，只不过刚好它的实现是返回某个字段的值。最后一种是工具需要调用的取值方法通常不得不设为public。

内部取值方法（private或protected）在实现延迟初始化和缓存的时候是有用的。与任何不必要的抽象一样，最好等到需要的时候再去提炼。

## 8.23 设置方法

如果需要一个设置字段的方法，用相应字段的名称加上“set”前缀来命名。比如：

```
void setX(int newX) {
  x= newX;
}
```

比起取值方法，我更不愿意让设置方法可见。设置方法是根据实现来命名的，而不是根据意图。如果接口中的某一部分用设置一个字段来实现最合适，那么把它公开是可以的，但应该从客户代码的角度来命名。最好能理解客户设置这个值是为了解决什么问题，直接提供一个解决问题的方法。

把设置方法作为接口的一部分泄露了实现。

```
paragraph.setJustification(Paragraph.CENTERED);
```

根据方法的意图来命名有助于代码的表达：

```
paragraph.centered();
```

哪怕 centered()的实现其实是一个设置方法：

```
Paragraph:centered() {
  setJustification(CENTERED);
}
```

内部使用的设置方法（private 或 protected）是有价值的，比如用来更新依赖于其他状态的信息。例如一段文字，如果改变了它的对齐方式，就需要重新绘制。这时重新绘制的操作可以放在对齐方式的设置方法当中：

```
private void setJustification(...) {
  ...
  redisplay();
}
```

对设置方法的这种用法类似于一个简单的约束引擎，保证了如果这个数据变了，依赖于它的那个数据也相应改变。（在上例中即指如果段落的内部状态改变了，那么在屏幕上显示的信息也相应改变。）

设置方法令代码变得脆弱。我们的原则是避免隔山打牛。如果对象 A 依赖于对象 B 的内部细节，那么修改 B 的代码同时也会需要修改 A 的代码，原因不是 A 出现了什么根本的变化，只是原来编写 A 时假定的前提条件发生了变化。最好把逻辑和数据移到一起。也许应该让 A 拥有数据，也许应该让 B 提供更明确的规则。

与取值方法类似，如果出于工具调用的需要而把设置方法声明为 public，那么就给它们加上“仅供工具使用”的标注。提供给人使用的接口应该沟通得更流畅，更加模块化。

## 8.24 安全复制

要是有两个对象都以为自己可以独占地访问第三个对象，使用取值或者设置方法就可能出现别名问题[1]。别名问题是更深层问题的征兆，比如对于哪个对象负责哪块数据划分得不清楚。不过可以在返回或存储一个对象之前对它进行复制，以此来避免一些错误。

```
List<Book> getBooks() {
  List<Book> result= new ArrayList<Book>();
  result.addAll(books);
  return result;
}
```

在上例中提供一个集合访问器可能更合适，但如果必须返回整个集合，那么上例的做法是安全的。

设置方法也可以采用安全副本的写法：

```
void setBooks(List<Book> newBooks) {
  books= new ArrayList<Book>();
  books.addAll(newBooks);
}
```

我记得审查过一个滥用了安全复制模式的银行系统。在那个系统中，每种访问器方法（getter 和 setter）都有两个版本，一种是“安全的”，另一种是“不安全的”。为了消除别名问题，每次调用安全复制方法时都要复制极其

[1] 别名问题（Aliasing Problem）：在计算机术语里，别名指内存中的一块数据可以通过程序中的多个符号名称访问。因此，修改一个符号名称所关联的数据，同时也隐含地修改了其他别名所指向的值。这种隐含修改很可能出乎程序员的意料。别名问题也因此使程序特别难于理解、分析和优化。 ——Wikipedia

庞大的对象结构。结果，因为系统变得非常缓慢，所以客户倾向于使用不安全版本的方法，从而成了别名错误之源。而深层的设计问题，即没有充分设立对象的行为规范的问题，则从未被注意到。

安全复制完全是一种消极的措施，它只是保护代码免受不可控制的外部访问的伤害。它极少会成为实现的核心语义的一部分。不可变对象和组合方法提供了更简单、更便于沟通的接口，出错的可能也更低。

## 8.25 小结

本章介绍了建立方法的模式。与 Java 语言相关的模式讨论到此结束。下一章将介绍使用容器的模式。

# 第9章

# 容器

我必须承认我根本没想到这章会写得这么长。刚开始动笔的时候，我认为我会以一个 API 文档（即类型和操作）来收尾。因为这章的基本概念很浅显：容器可以把容器内外的对象区分开来。还用得着啰嗦什么呢？

后来我才发现，无论是从容器的结构还是它所能表达的意图而言，这个话题都要远比我所想象的复杂。容器的概念融合了多种隐喻，对隐喻的选择会影响到容器的使用。每一个容器接口都有不同的风格，实现方式也各有千秋，在性能方面尤其可以体现出这种差异。于是，要想掌握如何通过代码进行良好的沟通，就一定要精通容器的用法。

从前，这种类似于容器的行为都是通过在数据结构自身中提供链接来实现的：文档中的每一页都会提供对前后页的链接。后来，就开始流行起用一个单独的对象表示相关元素的容器。这种做法可以把同一个对象放到不同的容器中而无需修改对象。

编程中最基本的变化种类之一就是数量的变化，容器作为表示数量变化的一种方式，自然具有了相当的重要性。逻辑中的变化通过状态从句或者多态消息表示。数据基数的变化是通过把数据放到容器中实现。从容器的细节之处，阅读者可以充分了解到编程人员的原始意图。

在计算机术语中有一个很古老的说法，人们唯一感兴趣的数字就是 0 和 1，还有“许多”（这个说法肯定不是数学分析家提出的）。如果一个字段不出现的时候表示 0，出现的时候表示 1，那么用它保存一个容器就是表示“许多”

的一种方式。

在编程语言结构和类库之间有一个奇异的世界，容器就是这个世界的统治者。容器的应用如此广泛，而它们的用途又是为人熟知，看上去已经到了出现一种新的主流语言的时候了，它应该允许 plural unique Book books 这样的语句，而不是当前的 Collection<Book> books= new HashSet<Book>();。在容器成为第一等的语言元素之前，我们还是应该掌握如何使用当前的容器类库，它可以帮助我们用直截了当的方式来表达通用的思想。

本章共分为 6 个部分：容器背后的隐喻、使用容器时应当掌握的要点、容器接口和它们所表达的含义、容器的实现及作用、Collections 类中的功能概述，最后是有关通过继承来扩展容器的一个讨论。

## 9.1　隐喻

正如上面所说的一样，容器融合了不同的隐喻。第一种是多值变量（multi-valued variable）。一个变量引用一个容器，感觉就像它同时引用了多个对象。这样来看，容器就不再是独立的对象了。容器本身不再受到关注，人们关心的只是它所引用的多个对象。就像所有的变量一样，可以把它分配给一个多值变量（通过添加和移除元素），获取它的值，向它发送消息（在 for 循环中发送）。

多值变量这个隐喻在 Java 中失灵了，因为 Java 中的容器就是独立的对象实体。容器中的第二个隐喻是和对象有关的——容器就是对象。可以获取一个容器，把它四处传递，测试它的相等性，向它发送消息。容器可以在对象间共享，虽然这可能会引起混淆。容器由一系列相关的接口和实现组成，可以通过扩展接口或者增加新的实现类来丰富功能。所以，正如容器“是”多值变量一样，它们也“是”对象。

两个隐喻结合之后出现了很奇怪的效果。容器是作为对象实现的，可以进行传递，其结果和引用调用一样，即传递的不是变量内容，而是变量自身，改变变量的值会在调用程序中看到效果。早在多年以前，引用调用就已经从语言设计的舞台上退场了，因为它会导致难以预料的后果。如果不能记住某个变量可能会被修改的所有位置，就很难对程序进行调试。在使用容器编程方面存在一些惯例，用以改善代码的可读性，并避免出现无法预测容器在何处被修改的情况。

在考虑容器时还有第三个隐喻可用，那就是数学集合。容器由一组对象组成，正如集合由一组元素组成。集合把世界分成了容器内外两个部分，容器也把对象世界分成了容器内的对象和容器外的对象。数学集合的两个基本操作是查询集合的基数（容器中的 size()方法）和测试某个元素是否在集合内（容器中的 contains()方法）。

这个数学隐喻只是和容器有些近似。数学集合上的其他操作并没有被容器直接表示出来，例如并集、交集、差集和对称差集。至于为什么会这样，到底是因为这些操作本质上没有用，还是因为没提供这样的功能所以才没有人用，依然是一个有趣的争论话题。

## 9.2 要点

在程序中，容器被用来表示多个正交的概念。从原则上讲，应该尽可能精确地表示自己。在容器中，这就意味着在声明时应当尽可能使用最通用的接口，在使用时使用最精确的实现类。不过这也不是绝对的规则。我曾经认真审查了一遍 JUnit，将所有的变量声明都进行泛化，结果却是一片混乱。因为代码失去了一致性。同一个对象在某处被声明为 Iterable，在另一处被声明为 Collection，在其他地方又被声明为 List，这无疑是白白地增加了阅读代码的难度。把所有的变量都声明为 List 会让代码更易读。

容器的第一个概念就是它的大小。数组（最主要的容器）的大小是固定的，在创建时确定。大多数容器都可以在创建后改变大小。

容器的第二个概念是元素是否有序，这个概念很重要。如果容器中的元素在操作时会相互影响，或者有序性对调用操作的用户有意义，就需要能保存元素顺序的容器。元素的顺序可能是由元素添加的顺序决定，也可能受到外界的影响，如字典比较算法。

另外一点就是元素的唯一性。有些计算只需知道元素是否存在就足够了，另外一些计算则会依赖于一个元素能否在容器中出现多次。

如何访问容器中的元素？有时只需要进行迭代，每次对一个元素进行操作。有时需要通过一个键对元素进行存取。

最后一点，容器的选择也会影响到性能。如果线性搜索已经足够快了，就可以用一个通用的Collection。当容器增长到过于庞大，无论是检查元素是否存在，还是用键来访问元素都变得重要起来，这时最好还是用Set或者Map。仔细选择恰当的容器，那么时间性能和空间性能都会得到优化。

**花絮：性能**

大多数编程人员在大多数时间都不需要为小规模操作的性能操心。在过去，性能优化却是每日必做的功课，现在的编程世界虽然已经面目一新，但计算资源依然不是无限的。如果经验告诉我们性能应该有所提升，测量结果也告诉我们何处存在瓶颈，那我们就必须明确地做出性能相关的决策。有些时候，更佳的性能会损害其他方面的代码质量，如可读性和灵活性。应当记住，为得到所需的性能所付出的代价越小越好。

为性能而编程可能破坏局部化影响的原则。某一处的细小变动会牵扯到另一处的性能。如果一种方法的工作效率严重依赖于传入的容器是否可以快速测试元素的存在性，在程序的某个地方不经意地把 HashSet 替换成ArrayList，就会让这个方法的执行速度降低到难以容忍的地步。间接影响的存在，也要求开发人员在为性能编程时必须要谨慎。

性能与容器密切相关，是由于大多数容器都可以无限制地扩展容量。假设我此刻所写下的数据结构能够容纳百万条数据，我会希望当我插入第一百万条数据时，速度能和插入第一条数据一样快。

在考虑使用容器编程的性能问题时，我的整体策略是一开始只使用最简单的实现方式，日后在必要的时候再挑一个更具特色的容器类。即使必须调整设计，我也一直都尽量把性能相关的决策限制在尽可能小的影响范围内。当性能满足要求以后，我就停止优化。

## 9.3 接口

你要通过为变量声明的接口以及给它们选择的实现来回答阅读者的许多问题。接口声明为阅读者讲述了容器的有关信息：容器是否有特定的排序规则，容器中是否有重复的元素，是可以通过键来检索元素还是只能通过迭代访问。接下来要描述的接口分别是：

- Array——数组是最简单却最不灵活的容器：大小固定，访问方法简单，速度快；
- Iterable——基本的容器接口，容器可以使用它来获得迭代功能，但它再无其他用途；
- Collection——提供了元素的添加、删除和测试功能；
- List——容器中的元素是有序排列的，可以通过元素在容器中的位置来访问（例如，“给我第三个元素”）；
- Set——没有重复元素的容器；
- SortedSet——没有重复元素的有序容器；
- Map——通过键来存取元素的容器。

### 9.3.1 Array

数组是最简单的容器接口。不幸的是，它的协议和其他容器有所差异，所以比起从一种容器转换成另一种容器而言，从数组转换成容器要困难得多。和大多数容器不同的是，数组的大小在创建时就已经确定了。数组与容器还有另一个差别，它被内置于编程语言，而不是通过类库提供。

就简单操作而言，数组在时间和空间上较之其他容器都更有优势。我写这本书的时候也做过计算操作耗时情况的测试，结果表明访问数组（如elements[i]）比类似的 ArrayList 操作（elements.get(i)）要快 10 倍。（在不同的操作环境中，这个数值会有变化，如果你很关心性能差异的细节，那么应该自己进行测试。）其他容器类所具有的灵活性使得它们在大多数情况下都会被优先考虑，但是如果在应用的某一小块中需要更高的性能，也不妨试试数组这个“小手段”。

## 9.3.2 Iterable

将一个变量声明为 Iterable 只是说明它含有多个值。Iterable 是 Java 5 中循环结构的基础，任何被声明为 Iterable 的对象都可以在 for 循环中被使用。这是通过悄悄调用 iterator()实现的。

使用容器应当关心的一点就是客户端是否需要修改它。很不巧，Iterable 和它的辅助器 Iterator 都没有任何办法可以声明式地表示一个容器不应该被修改。一旦拥有了一个 Iterator，就可以调用它的 remove()方法，从 Iterable 中删除一个元素。如果你的 Iterable 可以安全地添加元素，那么它就也可以在不通知容器拥有者的情况下删除元素。

在 8.18 节的“容器访问器方法”中曾经提到过，有多种方式可以保证容器不会被修改：把它包装到一个不可修改的容器中；创建一个自定义的迭代器，当用户试图修改容器时抛出异常，或者返回一个安全拷贝。

Iterable 很简单，它甚至没有提供统计元素数量的方法。你所能做的就是迭代所有的元素。Iterable 的各个子接口提供了更多有用的行为。

## 9.3.3 Collection

Collection 继承了 Iterable，并增加了一些操作元素的方法：添加、删除、查找和统计数量。把一个变量或方法声明为 Collection，实现类就可以有多种选择。应该尽可能地把类型声明写得宽泛一些，这样随后更改实现类的时候就不会造成蝴蝶效应。

Collection 有点像数学中的集合概念，但是那些等价于并集、交集、差集等数学运算的操作（addAll()、retainAll()和 removeAll()）是直接修改了原始容器，而不是返回一个重新分配的容器。

## 9.3.4 List

List 在 Collection 上增加了给元素固定排序的思想。我们可以通过元素的索引来得到该元素。假如容器中的元素可以相互影响，拥有稳定的序列就是重中之重。例如，如果消息队列要按照消息到达的顺序进行处理，那它们应该被放到列表中。

## 9.3.5 Set

Set 是没有重复元素的容器（元素应该提供 equal()方法来比较彼此是否相等）。这也与集合的数学概念非常相似，虽然此处的隐喻有些脆弱，因为向 Set 中添加元素会修改现有容器，而不是返回一个包含有已添加元素的新容器。

Set 放弃了大多数容器都会保留的信息：一个元素出现的次数。如果人们只关注元素的存在与否，并不在意元素的出现次数，这就不会成为问题。例如，如果我想知道图书馆藏书的所有作者，我是不会管哪个作者写了几本书的。Set 很适合这样的查询。

Set 中的元素没有特定顺序。这一次迭代得到的排列顺序下一次未必还能同样出现。在容器中的元素不会彼此影响的情况下，顺序的不可知性并不是什么局限。

有时候我们希望用允许重复元素的容器来存储数据，但又希望在执行某个特殊的操作时剔除重复的部分，这时候可以创建一个空的 Set，把原来的容器当作参数传入：

```
printAuthors(new HashSet<Author>(getAuthors());
```

### 9.3.6 SortedSet

容器的有序性和唯一性不是互斥的。有时你可能需要一个有序的容器，且其中不能有重复的元素。SortSet 就是这样的容器。

List 中元素的顺序是根据元素加入容器的顺序或者在 add(int, Object)方法中传入的索引参数决定的，但是 SortedSet 是由 Comparator 提供元素排序的方法。如果没有明确指定排序方式，它就会使用元素的“自然顺序”。例如，字符串是根据字典顺序排序的。

在计算图书馆藏书的作者时，可以这样使用 SortedSet：

```
public Collection<String> getAlphabeticalAuthors() {
  SortedSet<String> results= new TreeSet<String>();
  for (Book each: getBooks())
    results.add(each.getAuthor());
  return results;
}
```

上面的例子用到了字符串的默认排序方式。如果 Book 的作者是用对象来表示的，代码就会变为下面的形式：

```
public Collection<String> getAlphabeticalAuthors() {
  Comparator<Author> sorter= new Comparator<Author>() {
    public int compare(Author o1, Author o2) {
      if (o1.getLastName().equals(o2.getLastName()))
        return o1.getFirstName().compareTo(o2.getFirstName());
      return o1.getLastName().compareTo(o2.getLastName());
    }
  };
  SortedSet<String> results= new TreeSet<String> (sorter);
```

```
    for (Book each: getBooks())
      results.add(each.getAuthor());
    return results;
}
```

### 9.3.7 Map

最后一个容器接口是 Map，它实际上是其他接口的一个混合体。Map 使用键储存值，但是和 List 不同，Map 的键可以是任意对象，不必局限于整数。Map 的键必须是唯一的，这一点和 Set 有点像，然而其中的值却可以重复。Map 中的元素是无序的，这也和 Set 有些相似。

Map 和其他容器接口都不甚相同，所以它是孤立的，没有继承任何接口。Map 中同时包含两个容器：一个由键组成的容器和与之关联的另外一个由值组成的容器。不能简单地向 Map 请求获取它的迭代器，因为它不知道你到底想要基于键、值还是键值对进行迭代。

Map 有助于实现两种实现模式：外生状态和可变状态。外生状态的做法是，把某个对象具有的特定用途的数据与该对象剥离，保存在对象之外。它的实现方式之一就是用 Map 的键来保存对象，值保存对应的数据。在可变状态中，同一对象的不同实例保存着不同的数据字段。它的实现方式就是在对象中保存一个 Map，用来表示从字符串（即虚拟字段的名称）到字段值的映射。

## 9.4 实现

选择容器的实现类首先要考虑的就是性能。在所有与性能相关的话题中，最好的做法是先选择最简单的一种实现开始编程，随后慢慢地根据经验进行优化。

图 9.1　容器的接口和类

本节所介绍的每一个接口都有不同的实现类，如图 9.1 所示。因为性能因素决定了实现类的选择，所以书中针对每一组实现类都有一个重要操作的性能度量。在附录 A“性能度量”中提供了我用来收集数据的工具源码。

到目前为止，绝大多数的容器都是用 ArrayList 实现的，远超排名第二的 HashSet（在 Eclipse 和 JDK 中，对 ArrayList 的引用约有 3400 个，对 HashSet 的引用约有 800 个）。有一种只顾眼下的解决方案就是随便选一个适合需要的类拿来用。但是经验告诉我们，性能问题是不可忽视的。所以本节的后续部分将介绍各种实现方式的细节。

选择容器实现类的最后一个因素是容器尺寸。下面提供的数据展示了当容器大小从 1 扩展到一百万时性能的变化情况。如果容器中只有一两个元素，你的选择就会和你期望它会扩充到百万条数据时有所不同。在任何情况下，通过更换实现类所得到的收获都是有限的，如果想获得更高的性能提升，就需要寻找更大规模的算法改进。

## 9.4.1　Collection

实现 Collection 的默认选择是 ArrayList。ArrayList 的 contains(Object) 操作和所有依赖于它的其他操作，都有潜在的性能问题，如 remove(Object)，

因为这些操作的耗时是和容器大小成正比的。如果在分析中发现这些方法中的某一个造成了性能瓶颈，就可以考虑用 HashSet 来代替 ArrayList。不过在这样做以前，先要保证你的算法对于抛弃重复元素是不敏感的。如果可以保证数据不出现重复，这种替换就不会带来问题。图 9.2 对 ArrayList 和 HashSet 的性能进行了比较。（附录 A 详细描述了我是如何收集这些信息的。）

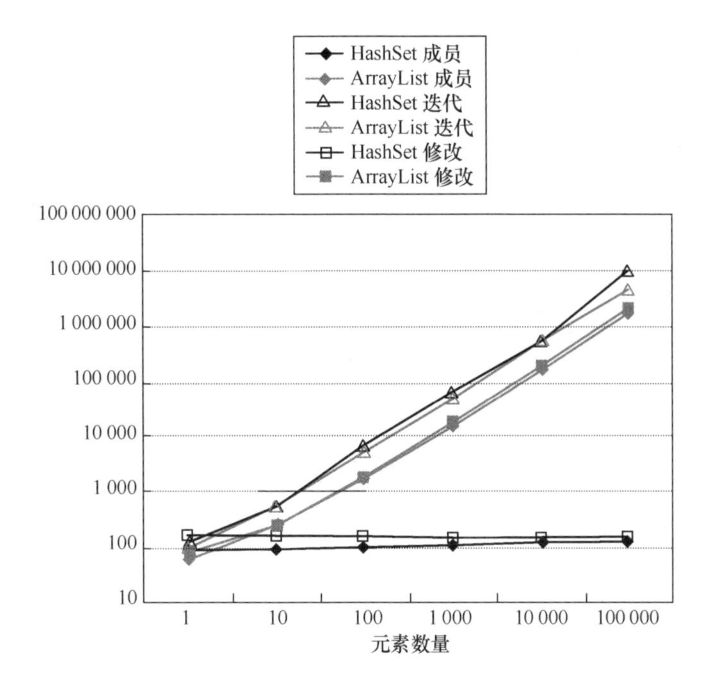


图 9.2 比较 Collection 的实现类：ArrayList 和 HashSet

## 9.4.2 List

List 向 Collection 的协议中添加了元素稳定排序的思想。List 的两个常用实现类是 ArrayList 和 LinkedList。这两个实现类的性能分析结果恰如镜像，ArrayList 的访问速度快，添加和删除元素的速度慢；而 LinkedList 正好相反

（见图 9.3）。如果看到分析结果显示方法调用集中在 add()和 remove()方法上，就可以考虑使用 LinkedList 来代替 ArrayList。

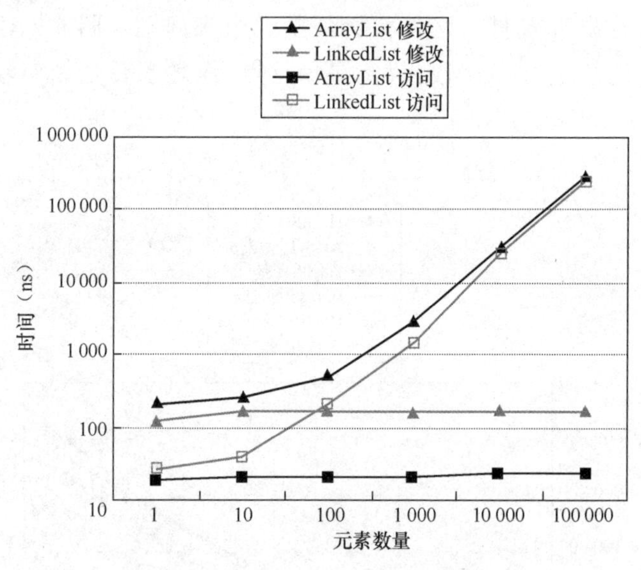


图 9.3 比较 ArrayList 和 LinkedList

## 9.4.3 Set

Set 共有 3 种主要实现：HashSet、LinkedHashSet 和 TreeSet（实际实现了 SortedSet 接口）。HashSet 速度最快，但其中的元素是无序排列的。LinkedHashSet 按照元素被加入容器的顺序来对元素排序，但代价却是添加删除元素要额外消耗 30%的时间（见图 9.4）。TreeSet 用 Comparator 来保持元素的顺序，不过在添加删除元素或是检查元素是否存在时，所花的时间为 log $n$，$n$ 为容器大小。

如果需要让元素具有稳定的顺序，可以选用 LinkedHashSet。比如，有些用户会希望每次访问得到的元素都具有同样的顺序。

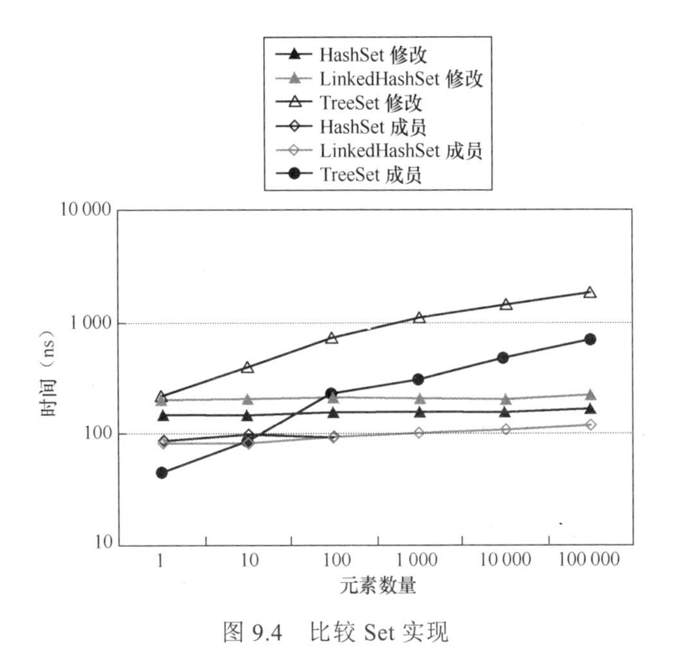


图 9.4　比较 Set 实现

### 9.4.4　Map

Map 的实现类与 Set 的实现类在形式上有些相似（见图 9.5）。HashMap 最快、最简单。LinkedHashMap 保存着元素的顺序，迭代顺序是它们加入容器的顺序。TreeMap（实际上实现了 SortedMap 接口）基于键的顺序进行迭代，但是插入和检查元素存在性的时间为 log *n*。

## 9.5　Collections

工具类 Collections 是一个库类，它提供了一些不能和任一款容器接口完美契合的容器操作。下面是它的一些功能概览。

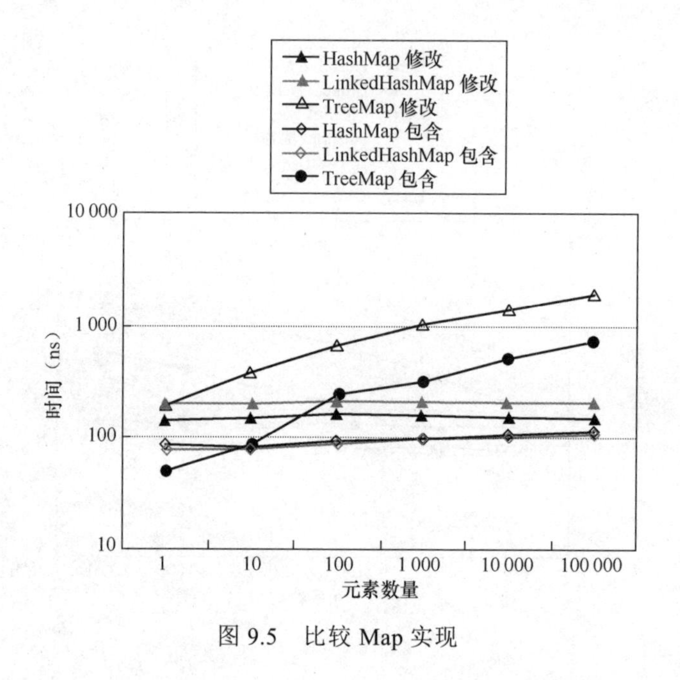


图 9.5 比较 Map 实现

## 9.5.1 查询

IndexOf()的操作耗时与列表的尺寸成正比，不过，如果元素是有序排列，那么折半搜索就可以在 $\log_2 n$ 的时间内找到对象索引。可以调用 Collections.binarySearch(list, element)来获取元素在列表中的索引。如果对象在列表中不存在，该方法会返回负数。如果列表没有经过排序，则返回结果就是不可预知的。

折半搜索只有对那些随机访问耗费时间为常数的列表才能起到提升性能的作用（见图 9.6），如 ArrayList。

## 9.5.2 排序

Collections 还提供了改变对象中元素顺序的方法。Reverse（list）会将容器中元素顺序反置。Shuffle(list)会随机打乱元素顺序。Sort(list)和sort(list,comparator)会把对象按升序排列。和两者在折半搜索中的表现不同，ArrayList 和 LinkedList 排序的性能几乎是相等的，因为元素是首先被复制进数组，在数组进行排序后再被复制回去的。

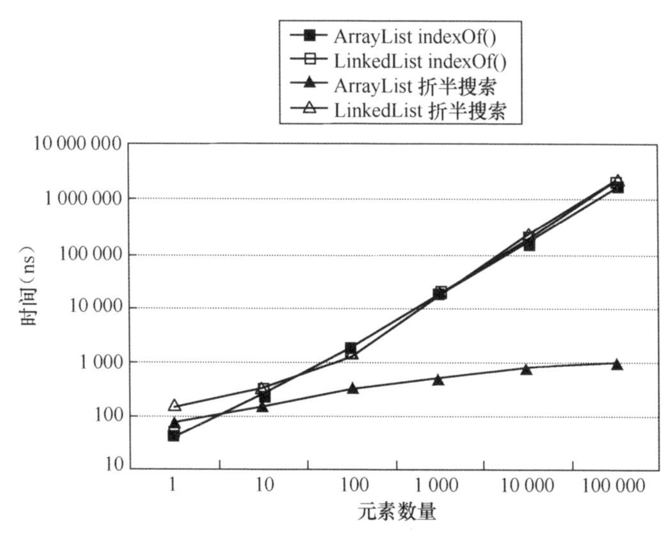


图 9.6　比较 indexOf()和折半搜索

## 9.5.3　不可修改的容器

在前面讨论 Iterable 时曾经提到过，即使是最基本的容器接口也允许容器被修改。如果要把容器传入不信任的代码，可以用 Collections 把它包裹到一个特殊的实现类里面，如果客户代码试图修改它，就会抛出运行时异常。Collection、List、Set 和 Map 各有相应的实现。

```
@Test(expected=UnsupportedOperationException.class)
public void unmodifiableCollectionsThrowExceptions() {
  List<String> l= new ArrayList<String>();
```

```
    l.add("a");
    Collection<String> unmodifiable=
                    Collections.unmodifiableCollection(l);
    Iterator<String> all= unmodifiable.iterator();
    all.next();
    all.remove();
}
```

## 9.5.4 单元素容器

如果想把一个元素传到一个期望传入容器的接口中，可以通过调用 Collections.singleton()来进行转换，这个方法会返回一个 Set。如果需要 List 或者 Map，Collections 也提供了相应的方法，最终得到的容器都是不可修改的。

```
@Test public void exampleofSingletonCollections(){
    Set<String> longWay= new HashSet<String>();
    LongWay.add("a");
    Set<String> shortWay= Collections.singleton("a");
    AssertEquals(shortWay, longWay);
}
```

## 9.5.5 空容器

和上面的情况类似，如果需要一个接口返回不含有任何元素的容器，可以用 Collections 创建一个不可修改的空容器。

```
@Test public void exampleOfEmptyCollection() {
    assertTrue(Collections.emptyList().isEmpty());
}
```

## 9.6 继承容器

我常常见到有些类继承容器类，例如，一个保存有书籍列表的 Library，可能会继承 ArrayList：

```
class Library extends ArrayList {...}
```

这个声明意味着提供了 add()、remove()、迭代和其他容器操作的实现。

通过继承容器来获得容器的行为常常会带来一些问题。首先，容器提供的很多行为是客户不需要的。例如，客户代码一般不会被允许通过调用 clear()方法来清空 Library，或者用 toArray()把它转换成数组。至少这些隐喻是混杂在一起容易让人迷惑的。最糟的是，所有这些方法都需要通过加以实现并抛出 UnsupportedOperationException 来取消继承。继承几行有用的代码，然后用超出几倍的代码来移除不想要的功能，这可不是什么好事。继承容器的第二个问题是，它对于“继承”这个宝贵的资源是一种浪费。为了获得几行实现代码，却把在更加重要的时刻使用继承的机会排除在外了。

在这种情况下，最好使用委派而非继承：

```
class Library {
  Collection<Book> books= new ArrayList<Book>();
  ...
}
```

使用这种设计，可以只暴露有意义的操作，并且为它们取一些富有含义的名称。还可以自由地使用继承，与其他模型类共享实现。如果 Library 提供了通过不同的键访问图书的方式，那就可以恰如其分地进行方法命名：

```
Book getBookByISBN(ISBN);
Book getBookByID(UniqueID);
```

什么时候可以继承容器？除非你是在实现可以被加入 java.util 包的通用容器类，否则还是应该把元素存放在附属的容器中。

## 9.7 小结

本章描述了使用容器类的模式。其中也包含了 Java 和 Java 容器类所用到的模式。它们都侧重于应用程序开发，简单而又意图明确，可降低编码成本，而且还可以快速改变整个应用的设计。但是在构建框架时，如果可以在不影响应用代码的前提下继续改进框架，那么增加框架的复杂度也是可以接受的，下一节将会介绍在构建框架的时候如何对这些模式进行修改调整。

# 第 10 章

# 改进框架

前述的种种模式都是以一个假设为前提的，那就是相比理解代码意图并与人交流而言，修改代码的代价更小。在我大部分的编程生涯中，这个假设一直都是正确的。但是，由于框架的客户代码无法被框架开发人员修改，所以框架开发就与这个假设发生了冲突。比如说，要修改 JUnit 的设计很容易，但是如果下游的工具制造商和测试编写人员也必须随之修改代码，这种做法的后果就太严重了。不兼容的更新会带来很大影响，所以应当尽量避免这种更新方式。

我们最近发布 JUnit 4 的时候，几乎用掉了一半的工程预算来减少客户部署所需的成本。我们尽力保证新风格的测试可以和旧工具一起工作，旧风格的测试也可以在新工具下运行。同时还要确保能够在将来变更时不会对客户代码造成破坏。

本章将会勾勒出实现模式在运用到框架开发时的不同之处，并讲述框架开发所面临的挑战：如何减少不兼容的更新所带来的影响；如何在设计框架时避免不兼容的更新。想要在改进框架时把对客户代码的影响降到最小，就会给框架增加额外的复杂度，同时需要向客户代码隐藏一些特性，而且要在必要的改动处做好认真仔细的沟通。

## 10.1 修改框架而不修改应用

在开发和维护框架时，总会遇到一个令人左右为难的困境：框架需要改进，但是破坏既有的客户代码会产生很大开销。在完美的情况下，更新框架只会增加新的功能而不会给现有的功能造成影响。但这种兼容性的更新并不是想要就能有的。维护向后的兼容性常常会给框架增加额外的复杂度。有时候，为了完美地保持兼容性所付出的成本会比它给客户带来的价值还要高。要提高开发框架所带来的收益，就必然要减少不兼容的更新的可能性，同时，当不兼容的更新势在必行时，也要缩小它所引发的后果。虽然在传统开发领域内，我们都认为将代码的复杂度降低到最小是有价值的，因为这可以提高代码的可读性，但是在框架开发中，为了帮助框架开发人员可以在不破坏客户端代码的情况下改善框架，增加一些复杂度会带来更多的价值。

纵然兼容性在框架开发中的重要程度日益显著，“简单”依然是一条核心价值。相比复杂的框架而言，人们更喜欢使用简单的框架。我们需要为将来的开发提供自由空间，也要减少给客户端带来的影响，想在这二者间保持平衡，就要把所增加的复杂度在能够容许的范围内降低到极限。

前面章节所提到的实现模式都有一个倾向，就是在保持代码容易理解的情况下，尽可能地提高代码的适用范围。但是在框架开发时，为了获得将来更改设计的自由，适用范围就要做出牺牲。例如，我一般都是把代码中的大部分字段声明成 protected，但在框架里则会声明为 private。这样一来，固然客户端很难使用我的超类，我却可以在不影响客户端应用的情况下更换框架中的数据表示。一个所有字段都声明成 protected 的框架很容易快速上手使用，不过以后就很难进行改进了。

我们理想的框架是：复杂与简单在某一点达到平衡，既有可以改进的余地，又方便使用；适用范围的大小在某一点达到平衡，既可以改进，又具有使用价值。这些设计方面的额外约束便造成了框架开发较之应用开发风险高、代价大的局面。幸运的是，有一些实现模式的变体可以帮助人们构建、部署和修改那些实用性强而且能够顺应变化的框架。

## 10.2　不兼容的更新

虽然框架的更新会对客户代码造成潜在影响，但也有一些方式可以减少客户代码更新的成本。把更新拆分成若干个较小的步骤分批进行，这样会给客户一个预警，告诉他们即将发生的事情，让他们决定何时投入人力物力来修改代码。试举一例来看，我们废弃一段代码，但是在一个或多个发布中，依然让它保持可用，由此提醒用户需要换用新的 API。在维护两个解决同一问题的不同架构时，废弃是比较常用的策略。并行架构增加了复杂度，但是减少了更新所造成的干扰。

Java 容器类也是这种并行架构之一例。新的基于 Collection 的类被引入，旧的 Vector 和 Enumerator 类依然保持向前兼容。到现在（在 Java 世界中，则是直到永远）用了旧容器的代码依旧运行正常。

包也为客户代码的增量式更新提供了一条途径。可以在新的包下面创建新类，然后给它们赋予与旧类相同的名称。比如说，如果我把更新以后的 org.junit.Assert 放到 org.junit.newandimproved.Assert 这个类中，那么客户代码只需要更换 import 语句就能使用新的类了。修改 imports 的风险和对客户代码造成的影响都比修改代码更小。

增量式更新的另一种策略是不要在一次发布中同时修改 API 和具体实现。增加一个过渡式的发布，无论是给旧代码提供新的接口，还是给新代码提供旧的接口，都可以给所有人（诸如框架提供者和客户代码）一段适应时间。不管变化所引起的技术问题有多小，解决问题总是需要时间的。

容器类也引出了更新框架所需注意的另一点：如何令作废的功能引退。框架提供者和客户所达成的协议中，有一部分就是有关客户代码间隔多久就必须要随着新的框架发布而进行更新的。Sun 公司的承诺是旧的代码会永久有效。而 Eclipse 则是只会在每个整数版本发布中保持兼容性。作为一个框架提供者，在选择引退策略时，既要能够快速改进框架，又要保证客户可以在稳定的平台上工作。

Eclipse 用了另外一种方式来减少不兼容更新的代价：提供自动化工具来更新客户代码。它首先确保绝大多数基于 2.x 的插件无需修改就可以在 3.0 版本上运行，从而减少了从 2.x 向 3.0 版本更新时带来的这种潜在的不兼容更新的成本，同时还提供了一款转换工具，用于保证 2.x 的插件可以在 3.0 上使用。这款工具会向插件中增加一些必要的文件，并在文件之间进行功能转移，使得旧代码与新版本融为一体、浑然天成。Eclipse 通过混合多种策略，一方面保持了相当高的快速改进框架的自由度，另一方面还可以用绝大部分处于稳定状态的功能为现存的客户提供服务。

如果进行简单的查找/替换就可以使用更新后的功能，那么修改代码的成本就降低了。方法名改变而参数的顺序不变，客户代码就很容易作出相应的调整。也许，将来我们可以做到在框架更新时一次性进行多种重构，但现在为了减少更新成本，设计方面还是会受到限制。

管理不兼容的更新所需要考虑的另外一条因素就是客户社区的组成和成长。如果当前的客户急于使用最新功能，那么他们就会很乐意为之付出努力。如果一次更新可以大规模地扩充客户数量，那么你可能就得心甘情愿忍受现有客户的牢骚。如果在未来的 6 个月内你会拥有 4000 名快乐的客户，那么现在 400 名客户的抱怨就算不上什么了。但要当心，不要为了追求镜花水月而疏离真正的客户，不然到最后陪伴着你的就会只剩下更新后的框架了。

本节详细描述了如何管理不兼容的框架更新。到目前为止，人们还是更希望能够在更新中带来新的功能而不会影响现有客户端代码。本章后续部分将会讨论一些实现模式，它们被用于编写那些更新时不会影响客户端的框架。

## 10.3 鼓励可兼容的变化

如果要在框架更新时保持兼容性，那么客户代码就应该尽可能少地依赖于框架细节。但客户代码必须要依赖于一些细节，否则框架还有什么存在的理由呢？在理想情况下，客户代码应该仅仅依赖于那些不会更改的细节。但成长和变化是难以预料的，所以不可能在一开始就设计好哪些细节固定不变。不过，还是可以赌一把概率：减少可见的细节数量，只暴露那些变化可能性较小的细节；交付可用的功能，又保留更改设计的自由。

这里需要作出一个决定：你需要提供哪种兼容性？是向后兼容（客户端仍然可以调用旧的 API，向框架中传入旧对象），还是向前兼容（可以向客户端中传入新形式的对象，而它们还可以像旧对象一样工作）。无论是任选其一，还是二者兼而有之，你的选择都会影响到更新时开发和测试的工作量。比如，我们最近一次 JUnit 更新的成本就非常高，因为我们选择了前后同时保持兼容。后来，用户报告了一些我们在编程时没有考虑到的兼容性方面的缺陷。我对我们的决定很满意。我们要兼容客户手上数量庞大的测试代码，而且大多数客户都不热衷于修改他们的测试。不过，同时提供向前和向后的兼容性还是带来了始料不及的影响。

大多数 Java 框架都是以对象的形式提供给客户，客户代码可以创建、使用或是细化框架提供的对象。本节将会描述如何选择框架的表现形式，以便在客户使用功能的同时，框架开发人员还可以继续对框架进行改进。要想达成这样的平衡，就必须慎而又慎地关注对象的使用、创建和方法构成。

## 10.3.1 程序库类

库类（Library Class）是一种简单的 API 形式，它经得起未来的考验。如果能把所有的功能都表示为使用简单参数的过程调用，那么客户代码就可以和未来的变化保持绝缘。发布库类的新版本时，只需要保证所有已有的方法可以和先前一样工作。新的功能将作为新的过程或是现有过程的新变体出现。

Collections 类是一种库类形式的 API。客户端只是调用它的静态方法，不会将其初始化。而容器类的新版本只会加入新的静态方法，现存的功能保持不变。

用库类描述 API 存在很大的问题：能够被轻松表示出来的概念及其变体的数目是有限的。当功能的变化越来越多，跨产品的变化也开始膨胀，所需要的过程数量就会激增。此外，客户代码只能改变他们自己发送给框架的数据，却无法更改逻辑。

### 10.3.2 对象

假设你将要把框架表示为对象的形式，那么就有一项艰巨的任务摆在了你的面前：如何通过保持简单与复杂、灵活与特殊之间的平衡，保证客户可以感受到它的实用与稳定，而你还能继续对它进行改进。这里的诀窍是，在最大的限度内让客户代码只依赖于那些不太会发生变化的细节。接下来将讨论将框架表示为对象时所面临的 4 个问题：

- 使用方式——客户会如何使用这个框架？实例化某些对象，对某些对象进行配置，还是继承或者实现某些对象？
- 抽象——类层次上的细节表示为接口还是类？如何通过调整可见性，只对用户显示相对稳定的细节？
- 创建方式——对象会如何被创建？
- 方法——如何构造方法，让它既能保证实用性，又能顺应变化？

#### 1. 使用方式

框架可以支持 3 种主要的使用方式：实例化、配置和实现。每一种都是可用性、灵活性和稳定性的不同组合。可以在一个框架中混合使用这 3 种方式，从而在框架开发者的设计自由和客户的权力之间获得更稳定的平衡。

实例化是最简单的使用方式。当我想使用 server socket 时，我就调用 new ServerSocket()方法来创建一个。实例化完成后，这个框架对象就可以通过方法调用来工作了。当客户代码的变化只发生在数据方面而非逻辑方面，实例化方式才会起到作用。

配置方式要复杂一些，但也更为灵活。用户在创建框架对象时，会将自己的对象传进去，在预先定义好的时刻进行调用。例如，TreeSet 可以和一个客户端定义的 Comparator 一起调用，以支持任意类型的元素排序。

```
Comparator<Author> byFirstName=new Comparator<Author>(){
  public int compare(Author book1, Author book2) {
    return book1.getFirstName().compareTo(book2. getFirstName());
  }
};
SortedSet<Author> sorted= new TreeSet<Author>(byFirstName);
```

借助配置方式，用户不但可以修改数据，也可以修改逻辑，所以它比实例化更加灵活。但是对于框架设计人员来讲，它的自由度却更少了。因为一旦开始调用客户对象，就必须以同种方式、在同一时刻继续调用它，不然就会对客户代码造成破坏。配置方式的另外一个限制就是它只能处理很少的几种变化。一个指定的对象只能有一到两种配置选项，否则就会变得过于复杂而且难以使用。

如果配置方式不足以满足客户关联他们自己的逻辑的需求，可以采取实现的方式。在实现方式下，客户可以创建自己的类供给框架使用。只要是客户类继承了框架类或是实现了框架接口（稍后将会提到如何进行选择），客户就可以将任意逻辑关联进来。

在这三种对象使用方式中，实现方式对未来设计的自由度具有最严格的潜在限制。如果想让客户代码能够继续工作，那么框架所提供的超类或是接口的每一处细节都必须保持不变。在框架抽象中所暴露的每一处细节都是一把双刃剑，它为客户提供了嵌入代码的位置，但框架开发人员却必须因此而承担起更多的责任：要么支持这些细节，要么面临破坏客户代码的风险。

上面的 Comparator 便是一个简单的通过实现来使用框架的例子。这个名为 byFirstName 的比较器实现了容器框架中的 comparator 抽象（这里是一个类）。此处的实现很简单，因为只有很少的逻辑需要插入，而且行数很短，可以和余下的代码直接内联在一起。可以在内部类中进行实现，当情况复杂时再使用独立的类。

实现方式的使用比配置方式要广泛很多，因为它可以处理任意数量的独立变化，每一种潜在变化都被表示为框架定义的一个钩子方法。

JUnit 混合了全部的 4 种使用方式：

- JUnitCore 是一个库类，提供了一个静态的 run(Class...)方法来运行所有类中的所有测试；
- JUnitCore 还可以被实例化，通过它的实例可以更精细地控制测试运行和结果通知；
- @Test、@Before 和@After 这几种注解以配置的形式出现，测试编写人员可以定制需要在特定时刻运行的代码片段；
- @RunWith 注解用的是实现方式，如果有测试人员需要非标准化的测试运行行为，那么他们可以实现自己的 runners。

### 2．抽象

框架的实现方式引入了一个问题：到底应该把抽象实体表示为接口还是普通的超类。每种方式对于框架开发人员和客户来讲都各有其优缺点，它们并非水火不容。框架可以为客户同时提供一个接口和该接口的默认实现。

（1）接口

为客户提供接口的最大好处就是接口所记录的细节特别少。客户不可能“碰巧”逾越框架的限定。但这种保护是有代价的。在接口不变时还不会有问题产生，但一旦向接口中引入新的方法，那么所有的客户实现都会遭到破坏。不过，如果能确保客户代码只会使用某个接口，而不去实现它，那么就可以随便往里面添加方法了。尽管接口存在这样的脆弱性，它们还是被广泛地用在 Java 世界中表示抽象，这本身也证明了使用接口的有利之处。

接口有一点小小的优势，就是客户代码可以同时实现多个接口。在一个类中实现多个相关接口，这也是一种清晰直接的沟通方式。但若同时实现多个完全不相干的接口，就有可能严重违背了“清晰表述自身意图”原则的。

有一种接口可以以增加少许复杂度为代价，来换取额外的灵活性，这就是“有版本的接口”。向接口中添加方法会影响客户代码，但可以创建一个子接口，然后把新方法放到那里面。客户可以在原本期望会用到旧接口的地方换成使用新接口，把该传入的对象照样传进去，现有的代码还可以和先前一样继续工作。

这种额外的灵活性是以更高的框架复杂度为代价的。只要框架需要调用新接口的方法，它就必须在运行时进行明确的分发。例如，AWT 的布局管理器接口有两个版本，所以在几个地方都写有这样的代码：

```
...
if (layout instanceof LayoutManager2) {
  LayoutManager2 layout2= (LayoutManager2) layout;
  layout2.newOperation();
}
...
```

当你必须要在一个现存的基于接口的抽象中加入新的操作，而又不想影响客户端代码时，使用“有版本的接口”是一个合理的妥协。但由于它们给客户代码和框架开发者都增加了复杂度，所以对于需要经常改变的抽象而言并非长久之计。变化中的抽象应该被表示为超类，这样可以更巧妙地适应变化。

（2）超类

除了使用接口来定义抽象以外，我们还可以要求客户端传入某个类（或是它的子类）的实例。这种方式的优缺点正好和接口相反：类可以比接口描述更多的细节，但是向超类中增加操作不会破坏已有的代码。另外，客户的类只能继承一个框架类，这一点也和接口有所区别。

在超类中，客户代码可以见到的细节就是被声明为 public 和 protected 的方法和字段。每一个这样的方法或字段都是一个表明自己不会改变的承诺。

如果暴露的细节太多，那无异于许下了过多的诺言，会严重限制未来发展的脚步。

在编写超类时多仔细斟酌一下，完全可以把暴露的范围缩小到和接口差不多。框架中的字段应该一直保持私有。如果客户端需要访问字段中的数据，就通过 getter 方法提供给它们。认真检查你的方法，只有在必要的情况下才声明为public，自然，能够声明为protected会更好。遵守这些规则，你就可以做到在超类中只比对等的接口多暴露少许细节，但通过让用户植入代码而增加了更多的灵活性。

abstract 这个关键字可以让客户很清楚地理解哪些地方需要他们自己去填充逻辑。尽可能为方法提供一个合乎逻辑的默认实现；这可以让用户更快上手。不过，在超类中引入新的抽象方法会造成不兼容的更新，因为客户端如果不实现这些新方法，子类就无法编译通过。

给一个类加上 final 关键字，可以阻止客户代码创建它的子类，强迫客户使用实例化方式或者配置方式。如果把 final 用在方法声明中，框架开发人员就可以认为这段特定的代码一定会被执行，即使是客户可见的方法也是如此。尽管我赞同框架开发者们应该有一点特权让他们自己的编程任务变得简单一些，但那些 final 类型的类和方法还是常常搞得我头晕脑胀。我曾经用了整整两天，想通过编程方式来创建 SWT 事件用于测试，结果却一无所获。那些 final 类（以我的观点来看完全是没必要的）阻止了我编出想要的一切。我最后不得不复制 SWT 事件来实现自己的事件类，从而脱离 GUI 进行测试。在能够得到可观回报时再去使用 final，减少框架给客户带来的问题，这样会有助于改善开发人员与客户之间的关系。

Java 包体系在可见性上有着缺陷。要把框架源码组织成若干个包，就需要有一个可见性的声明：在框架内可见但对客户代码不可见。可以把包划分成公开包和内部包，在内部包的路径上添加一个“internal”标识表示出二者的区别。例如，在 Eclipse 中可以看到这样的包名：org.eclipse.jdt……和 org.eclipse.jdt.internal……

### 3．创建方式

只要你的框架中有着对外公开的实体类，就需要决定客户该如何将它们实例化。与其他框架设计一样，在选择实例化方式时，需要在通用性、复杂度、易掌握性和易改进性之间进行权衡。下面所描述的 4 种方式分别是：无对象创建、构造器、工厂方法和工厂对象。这些方式也不是不可并存的。可以在一个对象上使用多种方式，也可以在框架的不同部分使用不同的方式。

（1）无对象创建

禁止客户直接创建框架对象是最简单、功能最弱的方式。上面所提到的 SWT 事件类即为一例。把所有的事件都在框架内部创建完成，框架开发人员就可以确保事件被完好地构建。如果能够认定事件不会发生变化，那么框架代码也可以得到简化。

这种做法的局限性在于，那些框架开发者没有预想到但又合乎情理的使用方式就被排除在外了。如果面临非常艰巨的编码任务，需要缩减代码复杂度，杜绝客户创建对象的可能性也许会是一个好主意。但框架的价值往往都不会是框架开发人员最开始所能预期的，这种做法实际上相当于关闭了寻找框架额外使用价值的机会之门。

（2）构造器

让客户代码通过构造器来创建对象是一个简便的方案，不过它也会给未来的变化带来严重限制。发布了一个构造器以后，你就做出了种种承诺：类名、构造器中所传入的参数、类所在的包，以及（同时也是限制最大的部分）所返回对象的实体类型不会改变。

大多数 Java 类库都可以通过构造器创建对象。Sun 在发行版中公布可以使用 new ArrayList()方法创建列表以后，就不得不在 java.util 包中一直保留着一个叫做 ArrayList 的类，而且该方法所返回的实体类一直不变。在未知的将来，这些都是会继续存在下去的设计约束，限制着 Sun 所能做出的变化类型。

用构造器来创建对象自然也有优势。对于客户来说，这种方式简单而且清晰。如果客户需要一个可以简单使用的创建接口，而你又不介意放弃将来改变名称、包和实体类的能力，那么构造器不失为一个合理的选择。

（3）静态工厂

静态工厂为客户创建对象增加了一些复杂度，但是框架开发人员可以获得未来更改设计的更多自由。如果客户代码用了 ArrayList.create()方法而非构造器来创建列表，那么所返回对象的名称、所在的包和实体类都可以在不影响客户代码的情况下进行改动。更进一步，就变成了库类中的工厂方法：Collections.createArrayList()。在这种工厂方式下，最开始的 java.util 包下面就只有这个库类必须保留了。其他所有的类都可以在需要的时候移除。但从另一方面看，创建方式的抽象级别越高，阅读代码的时候就越难找到对象的创建出处。

工厂方法的另一点优势是，可以通过它们向客户清晰地阐明每个创建方法的意图。两个拥有不同参数集的构造函数，它们各自的目的不是那么容易令人理解，但工厂方法的命名却能表示出每一种方式的目的所在。

（4）工厂对象

还可以通过向工厂对象发送消息而不是调用静态方法来创建对象实例。例如，在 CollectionFactory 中可能提供了创建各种不同类型容器的方法。它可以通过这种方式使用：Collections.factory().createArrayList()。工厂对象比静态工厂更加灵活，但却增加了代码的复杂度。只有对代码的执行过程进行追踪，才能知道某个类的创建时间。

如果工厂只能全局访问，那么工厂对象在灵活性方面就不会比工厂方法占优。工厂对象只有在局部使用时才能展示出它的威力。比如说，假设有一些用在移动设备上的可以节省空间的容器，那么当代码在手机上运行时，就用这种特殊容器的工厂来创建容器提供给需要的对象，而在服务器上运行时，则换用标准的容器工厂。

工厂对象还可以用来创建一系列共同使用的类。比如各种 Windows 窗体部件可以协同工作，但是不能与 Linux 窗体部件共存，那么通过工厂对象来提供它们各自的创建方式，就可以帮助客户保持兼容。

（5）创建方式小结

如何表示框架中对象的创建方式会影响到框架使用和变化的容易程度。策略之一是给那些容易发生变化的类提供工厂方法，而给稳定的类提供构造器。不过保持创建方式的一致性也是有价值的，因此可以让所有的对象都在工厂方法或者工厂对象中被创建。

### 4．方法

除了对象创建方式以外，其他的方法也会影响到框架的使用与改进。这里的通用策略还是老样子：在帮助客户解决问题的同时，尽可能地少暴露一些细节。

当数据结构稳定以后，再给客户提供可见的 getter 和 setter。若使客户依赖于内部数据结构，会急剧降低未来框架进化的可能性。从这方面考虑，setter 比 getter 的影响更坏。常常有一些原来存放在字段里的值可以通过其他方式计算得出。先试着去理解一下客户端通过设置值解决了什么问题，与其给出一个 setter，更应该公开一个以客户试图解决的问题命名，而不是用实现方式命名的方法。

例如，在编写图形组件库时，Widget 类可能会有一个 setter 方法：setVisible(boolean)。要想引入第三种状态 inactive，该怎么办呢？为了便于用户理解，你所公布的方法应该能够清晰展示出方法意图，如 visible()和invisible()，这才是对客户有意义的表达。这样修改之后，在超类中加上一个inactive()才可以不对客户代码产生影响。

基于接口的抽象和上面的做法有所差异。向接口中添加 inaction()方法会让所有 Widget 的客户端实现都无法工作。这时，可以定义一个枚举类型States，用它记录 widget 可能的状态，然后公布一个方法 setVisible(State)。布尔值表明这里只有两种可能的状态，显然将设计信息泄露给了用户。用一个方法加上枚举类型的参数，就可以在以后必需的时候加上其他状态。

这并不是说永远不能向客户端提供 getters 和 setters。如果当前有一个重要的框架功能就是通过返回或者设置字段值实现的，那么就提供访问器。但方法的命名不应该向客户暴露实现方式。

为了维护框架的兼容性，还可以采取另外一种方法级策略：向公开方法中添加参数时，给它们提供一个默认值。如果向方法里添加了一个参数，那么所有对这个方法的调用都必须修改后才能编译通过。不过，若是依然保留着旧方法，让它用一个默认参数去调用新方法，那么客户端代码就还能继续工作。

例如，假设在使用 JUnit 的时候，需要把 TestResult 传入执行测试的方法中。可以修改旧方法，添加一个参数。

~~`public TestResult run(Class... classes) {`~~

~~`  ...run tests in classes...`~~

~~`}`~~

```
public void run(TestResult result, Class... classes) {
  ...run tests in classes...
}
```

调用 run(Class...)的客户代码就都必须在方法中加上 TestResult 参数。但是旧方法还可以提供一个默认参数：

```
public TestResult run(Class... classes) {
  TestResult result= new TestResult();
  run(result, classes);
  return result;
}
```

提供了默认参数后，即使接口中增加了一个新方法，客户代码依然可以继续工作。

## 10.4 小结

与开发应用程序相比，框架的开发和改进所需要的实现模式是有些差异的。开发背后的经济学的支配要素，从理解代码的成本变成了升级客户端代码的成本，这种变化导致了实践与价值观的转变。“简单”这条指导应用开发的首要价值观，在框架开发中的位置排在了保证未来扩展框架的自由性的后面。如果把一个应用程序中的某些部分抽象成一个框架，情况就会变得尤为复杂。在这种时候，很多应用程序的设计决策就需要重新进行考量，才能构建出有效的框架。

框架可以以多种方式演化。有时候现有方法的运算方式需要改进。有时候运算方式需要配合新类型的参数工作。有时候框架需要小小地调整一下，来解决一个完全没有预料到的问题。有时候现存的框架实现细节需要被公开。

在 JUnit 里面，有一个隐喻给了我们很大帮助，它把框架看作是在一个领域内所有有价值的功能的交集，而不是并集。框架开发人员有责任保证客户端可以扩展框架以解决剩余的问题。想在一个框架中解决更多的问题，这种想法确实很有诱惑性，但问题在于，增加的功能会大大增加客户学习和使用框架的难度。

如果框架的每一个潜在用户都有 90%的共同需求，剩余的 10%是特有的需求，那么，满足所有用户的需求所得到的框架就比只满足共同需求的框架庞大得多。作为一个框架开发人员，我的目标就是满足我的用户的常见需求，而不是他们各自独有的需求。如果大多数用户都不得不增加同样的功能，那么这个功能就应该被放到框架里面去，但是独有的部分最好是让那些有直接需要的人自己处理。

如果框架是从实实在在的案例中抽象而来，而不是起源于某个通用场景，那么它的大小就可以得到很好的控制。在尝试过几次以自动化的方式测试代码后，我写下了 JUnit 的雏形。有过曾经多次写下相同的代码的经历，我才能够发现哪些问题存在于所有测试中并且应当被框架覆盖，而哪些问题又是某个独立场景所独有的。

可以用一个或者多个清晰且一致的隐喻来表述框架中的概念。例如，如果在记录历史信息的时候用了复式记账作为隐喻，客户就会知道去查询账号（Account）和交易（Transaction），有意识地选择和应用隐喻，并与客户针对隐喻进行交流，可以让你的框架更易于学习、使用和扩展。

部署并不意味着框架进化和成长的终结。在构建框架时小心谨慎一些，就可以让客户应用的根基坚如磐石，同时也为未来发展奠定有活力的基础。

# 附录 A

# 性能度量

在第 9 章我们提到过容器的性能，本附录介绍的框架就是用于度量这方面数据的。问题本身非常明了：精确地比较几个操作需要的时间，并比较它们在计算量增加时的表现。但计时器的精度远低于完成操作所需的时间，所以我们要把每个操作都执行很多遍，以此克服精度问题。把测试时间固定为一个相对比较长的值，通过度量在此时间段内能执行该操作多少次，就能得到比较准确的结果。

要在一个经过优化的 Java 实现中对操作进行精确的度量，需要对所发生的事情有更多的了解，不仅是对框架，还包括测试本身。为了得到精确的结果，需要知道代码可能会被怎样优化，以免你所希望度量的操作被聪明的 Java 实现直接省掉。如果度量的结果与直觉不符，通常就表示需要更深入地探索。探索的过程不但能使你进一步理解要度量的代码，还能更深入地学习怎样进行度量。

这里给出的代码足以得到本书需要的数据，不过还可以把它变得更通用一些。可改进的地方很多，例如代表“测试时间”的参数是常量而不是变量，没有命令行接口，结果报告只是简单地输出在控制台上。我们之所以没有现在做这些改进，是因为权衡工作量与回报也是一项重要的编程技能。模式也是一样：在学习如何使用模式的同时，还应该学习何时使用它们以及何时不使用它们。

## A.1　示例

我们的计时器应该尽量简单地度量操作的性能。借鉴 JUnit 的经验，被测试的操作都表现为方法。被测方法都接受一个整数型的 size 参数，这样就可以进行在不同数据规模下的测试。比如要测试“在列表中搜索”所需的时间，测试代码大概会像这样：

```
public class ListSearch {
  private List<Integer> numbers;
  private int probe;
  public ListSearch(int size) {
    numbers= new ArrayList<Integer>();
    for (int i= 0; i < size; i++)
      numbers.add(i);
      probe= size / 2;
  }
  public void search() {
    numbers.contains(probe);
  }
}
```

用我们的框架运行这个测试类，就能得出在包含 1 个、10 个、100 个……元素的容器上执行 search()操作所需的时间。

## A.2　API

计时器的外部接口是 MethodsTimer 类，在创建它的对象时要传入一个“包含多个 Method 对象”的数组：

```
public class MethodsTimer {
```

```
    private final Method[] methods;

    public MethodsTimer(Method[] methods) {
      this.methods= methods;
    }
  }
```

使用者可以调用 MethodsTimer 的 report()方法。例如要度量前面那个 ListSearch 操作的时间，可以做如下调用：

```
  public static void main(String[] args) throws Exception{
    MethodsTimer tester= new MethodsTimer(ListSearch.
                             class.getDeclaredMethods());
    tester.report();
  }
```

然后结果就会被打印在控制台上：

```
search  34.89  130.61  989.73   9911.19  97410.83  990953.62
```

这个结果的意思是，对只包含 1 个元素的列表进行搜索操作需要 35ns，对包含 10 个元素的列表进行同样的操作需要 131ns，依此类推。

这个计时器并不完全精确。比如我们创建一个 Nothing 类，然后度量一个空方法的时间，理论上所有的结果都应该是 0。但——至少在我的机器上——实际得到的结果却有些偏差：

```
nothing    1.92    -3.24    0.62    0.37    -0.74    2.30
```

如果要度量耗时很短的操作，请记住这个精度问题。比如说，为了度量数组访问的时间，我必须在测试方法中对数组访问 10 次，这样得到的结果才比较准确。不过在一般情况下，程序员不需要自己在测试方法里做重复操作，应该由框架来把操作反复执行很多次，以得到比较准确的结果。

## A.3 实现

可以看到，针对每个要计时的方法，计时器都打出了 6 个结果数字。这是因为我们希望计时器在不同数据规模下测试操作所需的时间。report()方法是一个嵌套的循环，外层循环遍历所有要计时的方法，内层循环则依次用 1、10……直到 100000 的数据规模进行测试。

```
private static final int MAXIMUM_SIZE= 100000;
public void report() throws Exception {
  for (Method each : methods) {
    System.out.print(each.getName() + "\t");
    for (int size= 1; size <= MAXIMUM_SIZE; size*= 10){
      MethodTimer r= new MethodTimer(size, each);
      r.run();
      System.out.print(String.format("%.2f\t",r.getMethodTime()));
    }
    System.out.println();
  }
}
```

结果的报告要力求简单，只是在数据元素之间插入了制表符，这样用户就可以把数据复制到电子数据表中。如果是功能完善的计时器，可能应该首先计算所有的 MethodTimer，然后在第二步再做报告，这样报表就可以更灵活一些。

## A.4 MethodTimer

MethodsTimer 依赖一个名叫 MethodTimer 的辅助对象，后者是一个命令对象，负责计算执行单个方法所需的时间。被测的方法会被调用很多次，以确保所耗费的时间能够被准确计量，然后把总时间除以调用次数就得到了调用一次所需的时间。

每个 MethodTimer 在构造时都会得到两个参数，一个 Method 对象，以及一个整数型的 size 值。由于被测方法可能被调用很多次，所以 MethodTimer 会把被测方法所属的对象实例缓存起来，以后就可以发送消息调用被测方法。如果每次调用时都创建新实例，成本就未免太高了。假如被测操作本身耗时 50ns，那么在 1s 内就可以执行 20000000 次操作，而创建一个包含 100000 个元素的列表（就像前面 ListSearch 中用到的那样）在我的机器上大概需要 50ms，所以运行这样一个测试就得花一个半星期。把对象实例缓存起来以后，这个测试耗时仅仅 1s 多。

复用测试对象实例这一点，与 JUnit 的设计有所不同，后者每运行一个测试都会新建一个测试对象实例，这样测试方法就可以随意改变实例的状态，因为它们知道彼此之间是隔离的。但我们的计时测试就没有这样的自由度了，每个测试方法在运行完之后必须保证测试对象实例的状态与运行之前一样。

下面是 MethodTimer 的构造函数：

```
private final int size;
private final Method method;
private Object instance;

MethodTimer(int size, Method method) throws Exception {
  this.size= size;
  this.method= method;
  instance= createInstance();
}
```

每个方法都有一个类，在度量操作性能时会实例化这个类。换句话说，我们当前的实现不支持对“从父类继承来的方法”计时，因为我们在 MethodsTimer 中用 getDeclaredMethods()方法得到测试类中声明的所有方法，而不包括超类中声明的方法。更好的设计应该是用 annotation 来标注需要计时的方法，然后在整个继承链里查找这样的方法，这样就可以在编写测试类时使用继承，从而消除一些重复，在本书用到的计时器中就存在不少重复（稍后会列出具体的计时器）。重申一下，这个框架只是足够满足本书的要求。给很多人使用的框架需要不同的设计理念和更大的投入，因为这些强大（而昂贵）的设计带来的改进会在成千上万次的使用中获得回报。

要创建测试对象实例，首先需要找到一个接受 int 型参数的构造函数，然后调用它。

```
private Object createInstance() throws Exception {
  Constructor<?> constructor=
    method.getDeclaringClass().getConstructor(new
                                   Class[]{int.class});
  return constructor.newInstance(new Object[]{size});
}
```

实际上计算“调用一个方法需要的时间”需要 3 个因素：循环的次数、调用该方法的总次数以及通过反射调用该方法的额外开销。比起直接调用方法，通过反射调用会更耗时（在我的机器上大约 150ns），去掉这部分额外开销之后，我们的计时就会更准确。这 3 个因素都会在 run()方法中计算出来，保存在字段中。

```
private long totalTime;
private int iterations;
private long overhead;
double getMethodTime() {
  return(double)(totalTime-overhead)/(double)iterations;
}
```

run()方法是计时器的核心，它会调用被测方法，先调用一次，然后两次，然后 4 次……直到时间过去 1s。然后它会计算动态调用耗费的额外开销。在

run()方法结束之后，就可以从 MethodTimer 查询结果了。run()方法和查询方法（例如前面用到过的 getMethodTime()）之间的顺序依赖有点不够优雅，另一种方案是让构造函数同时完成计时的任务。不过我不愿让构造函数做任何重要的计算工作，因为我希望能够把“创建实例”与“完成工作”分开。用我们当前的设计，我就可以——如果我愿意——创建一组 MethodTimers 实例，然后把它们到处传递、序列化甚至通过网络传递，而不需要担心任何性能问题。

```
void run() throws Exception {
  iterations= 1;
  while (true) {
    totalTime= computeTotalTime();
    if (totalTime > MethodsTimer.ONE_SECOND)
          break;
    iterations*= 2;
  }
  overhead= overheadTimer(iterations).computeTotalTime();
}
```

请留意 MethodsTimer 中的另一个常量 ONE_SECOND。用常量来保存配置信息很简便，又能给愿意编辑源代码的用户一定的灵活性，不过这样的常量最好是放在一起，这样找起来比较容易。

```
static final int ONE_SECOND= 1000000000;
```

## A.5 冲抵额外开销

剩下的就是用于计算“动态方法调用的额外开销”的方法了。overheadTimer()这个静态工厂方法就是用来创建这个特殊计时器的。

一个 MethodTimer 在工作时调用另一个 MethodTimer，这看来似乎有些奇怪。不过在做了几次实验之后我发现，这是组织这段代码的最佳途径了。

```
private static MethodTimer overheadTimer(int iterations)
      throws Exception {
  return new MethodTimer(iterations);
}
private MethodTimer(int iterations) throws Exception {
  this(0, MethodTimer.Overhead.class.getMethod("nothing",new
                                               Class[0]));
  this.iterations= iterations;
}
public static class Overhead {
  public Overhead(int size) {
  }
  public void nothing() {
  }
}
```

## A.6 测试

下面是第9章“容器”中用到的测试。这些测试展示了计时框架的用法、容器类的一些特点以及这个框架设计的一些局限性。

### A.6.1 容器的比较

第一个例子对两个Collection（分别是Set和ArrayList）做了比较。构造函数中以指定的大小创建了这两个容器，并对它们进行初始化。容器中保存的元素都是字符串。字符串的散列值分布不够随机，我试过用Integer，发现得到的结果更加奇怪。考虑到较大的set中的散列值很少真正做到随机分布，如果希望看到数据量较大时的性能比较，可能需要自己创建一些“典型的”数据来反映实际应用情况。

每个类代表了一组计时测试，每个方法则代表了一次计时操作。测试类保存了用于计时的容器对象。可以看到，这两个容器对象都被声明为Collection。测试类还保存了一个“探针”（probe），也就是稍后要搜索的目标。

```
public class SetVsArrayList {
  private Collection<String> set;
  private Collection<String> arrayList;
  private String probe;
}
```

所谓“初始化”，就是在容器中填满元素。可以看到，探针位于容器的中部，目的是制造出搜索的“最差情况”。如果要更全面地测试容器的性能，需要分别测试探针位于容器开始处、中部和结尾处的情况。

```
public SetVsArrayList(int size) {
  set= new HashSet<String>(size);
  arrayList= new ArrayList<String>(size);
  for (int i= 0; i < size; i++) {
    String element= String.format("a%d", i);
    set.add(element);
    arrayList.add(element);
  }
  probe= String.format("a%d", size / 2);
}
```

第一对操作比较了“确认元素在容器中”所需的时间，这两个方法唯一的区别就在于被测的容器不同。HashSet 完成此操作的时间接近于常数，而ArrayList 需要的时间则随着容器的大小线性上升。

```
public void setMembership() {
  set.contains(probe);
```

```
  }
  public void arrayListMembership() {
    arrayList.contains(probe);
  }
```

这两个方法几乎是一模一样的，这也给我们一个提示：或许可以设计一个更少重复代码的 API。我们可以在测试类里引用被测对象的抽象基类，然后在创建测试对象时传入具体的被测对象。

```
public class CollectionOperations {
  Collection<String> collection;
  String probe;
  public void membership() {
    collection.contains(probe);
  }
}b
```

具体的容器类可以在构造函数中实例化，也可以在子类中实例化。这样的设计确实重复代码更少，在大范围发布的框架中看来也更优雅，不过当前的设计已经足以满足本书的需求，所以我就任由这点重复代码留在原地了。

SetVsArrayList 中的另一对方法是用来比较“遍历容器”所需的时间的，我们期望这个时间随元素数量线性增长。

```
public void setIteration() {
  Iterator<String> all= set.iterator();
  while (all.hasNext())
    all.next();
}

public void arrayListIteration() {
  Iterator<String> all= arrayList.iterator();
  while (all.hasNext())
```

```
    all.next();
}
```

我尝试过用 for 循环来遍历：for(String each: set);，但 Java 实现能够发现这个循环的循环体是空的，然后就直接把它给忽略了。总体来说，编写计时方法的一大难题就是：既要把方法写得足够简单，又不能让 Java 把整个方法给优化掉。应该始终检查测试得到的结果，确保这些结果是大致不错的。如果感到结果明显有问题，就试试用另一种方式来描述同样的计算逻辑。

最后一对计时方法用于测试“修改容器”所需的时间。这两个方法都小心地确保测试结束后容器仍然保持原样。这就是我们这个计时框架的局限性：每个方法都会在同一个对象上调用很多次，所以它们必须保证测试完成后被测对象的状态仍然不变。

```
public void setModification() {
  set.add("b");
  set.remove("b");
}

public void arrayListModification() {
  arrayList.add("b");
  arrayList.remove("b");
}
```

这组测试的结果和第一组差不多：HashSet 的耗时几乎是常数，ArrayList 的耗时则随元素数量线性增长。

### A.6.2 ArrayList 和 LinkedList 的比较

这个测试类与前面的测试类很类似，只不过被测的变量都被声明为 List，而不是 Collection。具体被测的对象分别是 ArrayList 和 LinkedList。

```
public class Lists {
```

```
  private List<String> arrayList;
  private List<String> linkedList;
  private final int size;
}
```

这次我们不像前面的测试那样保存一个元素作为探针，而是记住容器的大小，以便稍后调用 get(int)方法时使用。

```
public Lists(int size) {
  this.size= size;
  arrayList= new ArrayList<String>(size);
  linkedList= new LinkedList<String>();
  for (int i= 0; i < size; i++) {
    String element= String.format("a%d", i);
    arrayList.add(element);
    linkedList.add(element);
  }
}
```

第一对测试度量“修改容器”的性能：首先插入一个元素，然后把这个元素删掉。请注意，该元素被插入到容器的起点处。ArrayList 针对“插入到尾端”做了优化，因此它进行该操作的耗时一定是常数（和 LinkedList 一样），而不是线性时间。

```
public void arrayListModification() {
  arrayList.add(0, "b");
  arrayList.remove(0);
}
public void linkedListModification() {
  linkedList.add(0, "b");
  linkedList.remove(0);
}
```

另一对测试度量“访问元素”的性能。这对测试的结果与前面一对恰好相反：ArrayList 的访问操作是常量时间，LinkedList 的访问操作是线性时间。

一开始编写这个测试时，我去访问容器尾端的元素，但 LinkedList 针对这种情况做了优化：当要访问的位置超过元素总数一半时，它会从后往前开始搜索。

```
public void arrayListAccess() {
  arrayList.get(size / 2);
}
public void linkedListAccess() {
  linkedList.get(size / 2);
}
```

### A.6.3 Set 之间的比较

Set 之间的比较方式也和前面 list 之间的比较大致相同，不过要比较的操作是“修改”和“判断元素在容器中”，因为别的操作大多要么是以这两个操作为基础构造起来的、要么性能表现与它们相似。下面我只展示对一个容器进行计时的代码，因为对其他容器进行的操作也是完全一样的。

要对比的 3 种 set 实现分别是 HashSet、LinkedHashSet 和 TreeSet。准确说来，TreeSet 其实是 SortedSet 的实现，不过我认为比较一下“保持元素有序”会带来多大的性能开销还是有意义的。

```
public class Sets {
  private Set<String> hashSet;
  private Set<String> linkedHashSet;
  private Set<String> treeSet;
  private String probe;
}
```

构造函数对这几个 set 进行初始化，填入一样的元素，并初始化一个探针以备稍后使用。可以看到，在创建每个 set 时，我们指定的容量都是恰好能放下所有的元素。我读过的所有 Java 资料都提到了“给容器预先分配适当空间”的重要性，但度量显示即使一开始指定容量为 0，比起“一开始就分配恰好够用的空间”来，性能上也只降低了不到 10%。

```
public Sets(int size) {
  hashSet= new HashSet<String>(size);
  linkedHashSet= new LinkedHashSet<String>(size);
  treeSet= new TreeSet<String>();
  for (int i= 0; i < size; i++) {
    String element= String.format("a%d", i);
    hashSet.add(element);
    linkedHashSet.add(element);
    treeSet.add(element);
  }
  probe= String.format("a%d", size / 2);
}
```

第一个操作是在 set 中查找预先准备好的探针。另外两个 set 实现的计时方式也是一样。

```
public void hashSetContains() {
  hashSet.contains(probe);
}
```

“修改”操作首先在 set 中添加一个元素，然后再把它删掉，以确保被测的 set 保持不变。

```
public void hashSetModification() {
  hashSet.add("b");
  hashSet.remove("b");
}
```

### A.6.4 Map 之间的比较

对 map 的性能度量和 set 差不多。Java 库里也有 3 个 map 实现：HashMap、LinkedHashMap 和 TreeMap，它们比较的结果和前面 set 的结果相差无几，因为 set 本来就是用 map 实现的，HashSet 在内部用 HashMap 保存元素，依此类推。

```
public class Maps {
  private Map<String, String> hashMap;
  private Map<String, String> linkedHashMap;
  private Map<String, String> treeMap;
  private String probe;
```

初始化 map 时需要调用它们的 put()方法，而不是 add()方法。我把每对键和值设为一样，因为从性能度量的角度来说，我们并不关心 map 中的值是什么。

```
public Maps(int size) {
  hashMap= new HashMap<String, String>(size);
  linkedHashMap= new LinkedHashMap<String, String>(size);
  treeMap= new TreeMap<String, String>();
  for (int i= 0; i < size; i++) {
    String element= String.format("a%d", i);
    hashMap.put(element, element);
    linkedHashMap.put(element, element);
    treeMap.put(element, element);
  }
  probe= String.format("a%d", size / 2);
}
```

下面的两个计时方法用到了 map 的 containsKey()和 put()操作，而不是 set 的 contains()和 add()操作。其余的测试都是一样的。

```
public void hashMapContains() {
  hashMap.containsKey(probe);
}
public void hashMapModification() {
  hashMap.put("b", "b");
  hashMap.remove("b");
}
```

## A.7 小结

前面介绍的框架让我们学到了几个方面的知识。首先是获取数据的价值。很多人相信“给 set 预先分配空间能提升性能”，但数据表明这是很值得商榷的。在给程序增加复杂性之前，首先确定这些复杂性能带来价值。有时唯一能判断一个做法是否真有价值的办法就是对其进行度量。

我们还从这个计时器框架中学到了“根据环境调整代码风格”的重要性。如果有很多用户，或者需要写很多计时测试，我可能会采用完全不同的设计和编程风格来开发这个框架。但根据我们的需求，我做了一些简化问题的假设，从而降低了编写框架和测试的总工作量。诸如“把你能想到的灵活性都包含进来”或者“为今天编码，别管明天”之类教条主义的建议都是走错了方向。

最后，本章展示的代码用到了书中介绍的很多实现模式，完整的构造函数、揭示意图的命名等模式在代码中比比皆是。它们是否有效地表述出了我的意图，只有你能判断。如果你认为它们并没有起到良好的沟通作用，请试着找出更好的模式。说到底，这才是本书最重要的东西：程序员的工作是与其他程序员沟通，而不仅仅是与机器沟通。所以，编程是一件与人相关、由人来做、为人而做的工作。编程不一定意味着“逃离社会”，它也可以是一种与他人联系的方式。噢，当然了，还要编写出好的代码。

# 参考书目

以下是我觉得在学习编程的过程中非常有用的书目。

## 一般编程


- Kent Beck, *Smalltalk Best Practice Patterns*, Prentice Hall, 1997. ISBN 013476904X.

这本书是 Smalltalk 版的实现模式。很多模式与本书所列的模式相类似，但由于语言上的巨大差异，它们之间也存在许多显著的区别。撰写本书迫使我停下来反思之前出于本能而作的决策。

- Martin Fowler, *Refactoring: Improving the Design of Existing Code*, Addison-Wesley, 1999. ISBN 0201485672.

对设计的修改应该一次只改变一点，这说起来容易做起来难。本书介绍了如何一点一点地改变设计。

- Eric Freeman and Elisabeth Freeman, *Head First Design Patterns*, O'Reilly Media, 2004. ISBN 0596007124.

这本书用了一种不同寻常的、形象化的方式来介绍设计模式。

- Erich Gamma, Richard Helm, Ralph Johnson, and John Vlissides, *Design Patterns: Elements of Reusable Object-Oriented Software*, Addison-Wesley, 1995. ISBN 0201633612.

这本书是对于代码中大量重复的结构的经典描述。

- Daniel Hoffman and David Weiss, *Software Fundamentals: Collected Papers* by David L. Parnas, Addison-Wesley, 2001. ISBN 0201703696.

这本书是优秀软件的理论基础。

- Andrew Hunt and David Thomas, *The Pragmatic Programmer*, Addison-Wesley, 2000. ISBN 020161622X.

这本书清楚地勾勒出了专业程序员的品格：好奇、诚实、不断学习。

- Brian Kernighan and Rob Pike, *The Practice of Programming*, Addison-Wesley, 1999. ISBN 020161586X.

这套书示范了怎样才是一丝不苟的专业程序员。

- Donald Knuth, *The Art of Computer Programming: Volume 1, Fundamental Algorithms, 3rd Edition*, Addison-Wesley, 1997. ISBN 0201896834.

- Donald Knuth, *The Art of Computer Programming: Volume 2, Seminumerical Algorithms, 3rd Edition,* Addison-Wesley, 1997. ISBN 0201896842.

- Donald Knuth, *The Art of Computer Programming: Volume 3, Searching and Sorting, 2nd Edition,* Addison-Wesley, 1998. ISBN 0201896850.

Knuth 教授把他对编程的热爱都倾注在这本书的字里行间。

- Donald Knuth, *Literate Programming*, Center for the Study of Language and Information, 1992. ISBN 0937073806.

这本书是最早一批着眼于程序员之间相互沟通的需要的书籍之一。我所推崇的一句话就来自其中：程序应该读起来像一本书。把程序写得像文学著作一样未必值得，但态度是没错的。

- Steve McConnell, *Code Complete: A Practical Handbook of Software Construction, 2nd Edition,* Microsoft Press, 2004. ISBN 0735619670.

这本书通盘概括了负责任地编程所需的技能。

- Diomidis Spinellis, *Code Reading*, Addison-Wesley, 2003. ISBN 0201799405.

这本书阐述了与本书相反的观察角度：如何阅读代码。*Code Reading*（中译版《代码阅读方法与实践》）是本书的镜像，为理解而阅读对应着为理解而写作。

● Edward Yourdon, *Techniques of Program Structure and Design*, Prentice Hall, 1975. ISBN 013901702X.

这本书是最早解释什么是好程序的书籍之一。即使书中的例子已经过时，书中的原理依然成立。

● Edward Yourdon and Larry Constantine, *Structured Design: Fundamentals of a Discipline of Computer Program and Systems Design,* Prentice Hall, 1979. ISBN 0138544719.

这本书以发展经济学为基础展开讨论，阐述了软件设计中的“物理法则”。

## 哲学原理

● Christopher Alexander, *Notes on the Synthesis of Form*, Harvard University Press, 1964. ISBN 0674627512.

这本书解释了模式背后的理论：约束条件和解决方案一再重复，决策也一再重复。

● Christopher Alexander, *The Timeless Way of Building*, Oxford University Press, 1979. ISBN 0195024028.

这本书用模式来对设计和建筑进行理论描述。书中贯穿着一个共同的主题，即根据来自先前设计、建造和使用的反馈一次一点地完成设计。

● Christopher Alexander, Sara Ishikawa, Murray Silverstein with Max Jacobson, Ingrid Fiksdahl-King, Shlomo Angel, *A Pattern Language*, Oxford University Press, 1977. ISBN 0195019199.

这本书介绍了一种用途广泛的模式语言的实例。在设计工作区和房子的时候也是很有用的。

● Richard Gabriel, *Patterns of Software*, Oxford University Press, 1996. ISBN 019510269X.

这本书讨论将模式思维应用到软件开发领域的一组论文。

- Robert Grudin, *The Grace of Great Things,* Ticknor and Fields, 1990. ISBN 0395588685.

这本书赞扬和鼓励出类拔萃的优秀设计。

- Leonard Koren, *Wabi-Sabi for Artists, Designers, Poets, and Philosophers*, Stone Bridge Press, 1994. ISBN 1880656124.

有效的设计不求完美但求充分。侘寂是一种日本美学，追求的境界是简朴而不失其效用。

- D'Arcy Thompson, *On Growth and Form,* Cambridge University Press, 1961. ISBN 0521437768.

这本书是一本颇深奥的书，是关于在自然界中复杂性是如何产生和表现的。

- Edward Tufte, *The Visual Display of Quantitative Information*, Graphics Press, 1983. ISBN 0961392142.

这本书精彩地展示了基于原则的思维方法，并将这种思维方法用在了图形设计领域。

## Java

- Joshua Bloch, *Effective Java Programming Language Guide*, Addison-Wesley, 2001. ISBN 0201310058.

这本书是讲述如何使用 Java 的一本比较早的读物。书中解释了许多 Java 语言的设计决策。

- Bruce Eckel, *Thinking in Java, 4th Edition*, Prentice Hall, 2006. ISBN 0131872486.

这本书是我的 Java 圣经。每当我想知道 Java 中某件事物的原理，就会翻开这本书。

- Steven Metsker, *Design Patterns Java Workbook*, Addison-Wesley, 2002. ISBN 0201743973.

这本书展示了 Java 语言如何影响一般的设计模式。